白话网络安全 2
网安战略篇

翟立东 主编　张旅阳

人民邮电出版社
北京

图书在版编目（CIP）数据

白话网络安全. 2，网安战略篇 / 翟立东主编. -- 北京：人民邮电出版社，2024.7
ISBN 978-7-115-64100-7

Ⅰ．①白… Ⅱ．①翟… Ⅲ．①计算机网络－网络安全 Ⅳ．①TP393.08

中国国家版本馆CIP数据核字(2024)第066661号

内 容 提 要

本书汇集了"大东话安全"团队近年来关于网络安全战略的科研、科普成果，采用轻松活泼的对话体形式，以技术专家大东和新手小白的对话为载体，向读者介绍网络安全知识。全书分为两篇共22个故事，聚焦数字安全韧性建设、网络安全人才培养、AI大模型助力网络安全发展、网络安全对抗棋谱和网络安全事件分析方法等重要主题，力图还原网络空间安全专业学科领域战略研究全貌。

无论是关心网络安全事业发展的网络安全爱好者还是网络安全管理部门人员及科研工作者，都可以参考本书独到的观测视角和观点。

◆ 主　　编　翟立东
　　副 主 编　张旅阳
　　责任编辑　韩　松
　　责任印制　陈　犇

◆ 人民邮电出版社出版发行　北京市丰台区成寿寺路11号
邮编　100164　电子邮件　315@ptpress.com.cn
网址　https://www.ptpress.com.cn
文畅阁印刷有限公司印刷

◆ 开本：880×1230　1/32
印张：6　　　　　　　　　2024年7月第1版
字数：134千字　　　　　　2024年7月河北第1次印刷

定价：59.80元

读者服务热线：(010)81055410　印装质量热线：(010)81055316
反盗版热线：(010)81055315
广告经营许可证：京东市监广登字20170147号

推荐语

刘慈欣　科幻作家，《三体》《流浪地球》作者，北京元宇科幻未来技术研究院院长

本书在翔实剖析了网络安全战略的同时，更以俏皮的对话语言和独到的观测视角描摹了数字安全的未来图景，在科学与科普的交融中，为我们描绘了一个既现实又超越现实的数字安全世界。近年来，AI 大模型工具（如 Sora、ChatGPT 等）在科幻创作中广泛应用，为小说、电影注入了新的活力和动能，推动了人类想象力、创造力的飞跃。我国科幻文学正是由于科学与文学的完美结合，才更具魅力与深度，在世界舞台上独树一帜。本书不仅是一本关于网络安全战略的指南，更是一部科普佳作，值得每一位科幻与科普爱好者珍藏。

邱志杰　中央美术学院副院长，北京美术家协会副主席

我一直在科技艺术领域深耕，也一直在传播科普即美育的理念。在当今数字化的社会环境中，网络安全已然成为一个与我们每个人切身相关的议题。本书不仅是一本关于网络空间安全这一"高大上"学科领域的战略科普读物，更是一次将人文艺术与科技交织的大胆尝试。它以科学家的身份，用艺术家的眼光，通过清晰简洁的语言，解读了数字世界的安全挑战，让读者能够从中领悟到网络安全的"弦外之音"。我相信本书能为广大读者带来与众不同的阅读体验和知识积累。而本书最终的目标，则是让我们共同构建一个更加安全、和谐的网络环境。

王元卓　中国科学院计算技术研究所研究员，博士生导师，中国计算机学会科学普及工作委员会主任，中国科普作家协会副理事长

数字化时代，网络已经贯串了我们生活的方方面面，但同时也带来了诸多潜在的威胁和风险。本书的独特之处在于以轻松易懂的方式阐述了复杂的网络安全问题，让读者能够轻松理解并掌握其中的要点。无论是网络安全初学者还是资深专家，都能从中获益匪浅。作为一名科研人员和科普作家，我深知科学知识的普及与推广的重要性，而本书正是在这方面做出了突出的贡献。开卷有益，希望更多读者能够从本书中汲取养分。

黄鹏　国家工业信息安全发展研究中心总工程师

本书用真"白话"解读了网络安全战略、数字安全韧性、AI 安全等前沿话题，为读者提供了宝贵的参考。本书全面梳理了网络安全战略规划的要点，更从不同层面分析了我国数字安全等领域布局未来、领跑全球的可能路径。对于关注国家网络安全发展、希望了解数字安全与 AI 安全新动态的读者而言，此书无疑是不可多得的佳作。

范渊　安恒信息董事长

本书以深入浅出的对话体，翔实剖析了产业数字化流程安全、AI 安全及网络安全战略等关键议题。书中不仅解读了我国网络安全领域弯道超车的密码，更提供了网络安全战略规划的宝贵指南。无论行业精英还是网络新手，都能从中汲取智慧，提升安全防范能力。推荐大家开卷阅读，共同为构建安全、智能的数字世界贡献力量。

序

　　数字化时代，网络空间作为"第五大空间"，重要性日益凸显。网络空间安全*战略领域的受重视程度也达到了前所未有的高度。从1988 年第一款网络病毒"蠕虫"问世至今，网络空间安全领域的历史也不过短短 35 年，然而其纷繁、厚重程度却不输于其他平行学科的发展历史。一方面，我们要以史为鉴，从历史中找到解码战略的"密钥"；另一方面，我们也要循着时间轴，从层出不穷的网络空间安全事件中探索网络空间安全战略演进的内在逻辑。

　　谈到战略，人们往往从古今中外的战争史中寻找规律；知古鉴今，网络空间的攻防战略与传统攻防战略亦是异曲同工。因此，我们既要对"七宗罪"的攻击套路了如指掌，也要熟谙"八个打"的防御要旨；既要紧密围绕"四个学"锻造来之即战、战之即胜的网络铁军，也要锚定和聚焦"六个看"的行业关切，打通产、学、研、用堵点；既能精准辨析"两个情"的虚实缓急，也能切实厘清"一个事"的千头万绪；既能疏而不漏地谋划"草船借箭"，也能从容

---

* 在本书中，"网络空间安全""网络安全""网安"含义相同，根据学科设置、行业用语习惯和本书上下文表述的一致性采用了不同称呼。

不迫地掌控"肘后备急方";既要着力构建千行百业的数字安全韧性,也要创新研发"天蛛"数字化产业实验床;既能精妙部署料敌于先的陷阱漏洞,也能信手拈来算无遗策的"网络安全对抗棋谱"。如此,则网络空间安全战略之妙计已尽收囊中。

"凡战之道,未战养其财,将战养其力,既战养其气,既胜养其心。"从层出不穷的"一个事"出发,我们将畅游时空隧道,揭开网络空间安全事件内在发展脉络的帷幔,而《白话网络安全2:网安战略篇》的地图也随着时间的演进渐渐清晰于目。我们穿梭于政、产、学、研生态汇聚的元宇宙,也辗转于源头创新与传统赓续的任意门;我们流连于数字孪生与新生安全的融合碰撞,也驻足于主动防御与韧性格局的珠辉玉映。

"三杯吐然诺,五岳倒为轻。"《白话网络安全2:网安战略篇》用两年的躬行兑现了诺言,也将重启新的践诺历程。在网安江湖道魔相争的明枪暗箭之中,我们也会继续以洞察之眼提供更多让诸君眼前一亮的新视角、新构思和新风向,让"白话网络安全"系列丛书,成为您案头常伴的知交挚友。

在此感谢中国科学院大学各位专家、同仁的指导,感谢科普中国、中国计算机学会等官方微信公众平台媒体的传播。感谢刘慈欣、邱志杰、王元卓、黄鹏、范渊等领导专家的推荐,感谢中国科学院信工所各位老师和同事的悉心关怀,感谢担任本书副主编的张旅阳,感谢赵洋、路稳、李嘉祺、洪全、武星辰、王澳、吴千惠、郭曦中、袁伟涵、刘岩等的支持,感谢李俊、王鹏等老师的校对,感谢"大东话安全"团队其他师生的支持,感谢各位专家朋友,感谢人民邮电出版社的各位编辑，感谢陪伴"大东话安全"一路走来的产业界朋友们，感谢自媒体专栏读者们的帮助。因为你们，才有《白话网络安全2：网安战略篇》的问世。读者在阅读过程中产生的灵感或者遇到的问题，都可以向我们反馈。欢迎搜索并关注"东话优选"微信公众号，随时与我们交流互动。

翟立东
2024年1月

资源与支持

资源获取

本书提供如下资源:

· 本书思维导图

· 异步社区 7 天 VIP 会员

要获得以上资源,您可以扫描下方二维码,根据指引领取。

提交勘误

作者和编辑尽最大努力来确保书中内容的准确性,但难免会存在疏漏。欢迎您将发现的问题反馈给我们,帮助我们提升图书的质量。

当您发现错误时,请登录异步社区(https://www.epubit.com/),按书名搜索,进入本书页面,点击"发表勘误",输入勘误信息,点击"提交勘误"按钮即可(见下图)。本书的作者和编辑会对您提交的勘误进行审核,确认并接受后,您将获赠异步社区的 100 积分。积分可用于在异步社区兑换优惠券、样书或奖品。

与我们联系

我们的联系邮箱是 contact@epubit.com.cn。

如果您对本书有任何疑问或建议,请您发邮件给我们,并请在邮件标题中注明本书书名,以便我们更高效地做出反馈。

如果您有兴趣出版图书、录制教学视频,或者参与图书翻译、技术审校等工作,可以发邮件给我们。

如果您所在的学校、培训机构或企业,想批量购买本书或异步社区出版的其他图书,也可以发邮件给我们。

如果您在网上发现有针对异步社区出品图书的各种形式的盗版行为,包括对图书全部或部分内容的非授权传播,请您将怀疑有侵权行为的链接发邮件给我们。您的这一举动是对作者权益的保护,也是我们持续为您提供有价值的内容的动力之源。

关于异步社区和异步图书

"异步社区"（www.epubit.com）是由人民邮电出版社创办的IT专业图书社区，于2015年8月上线运营，致力于优质内容的出版和分享，为读者提供高品质的学习内容，为作译者提供专业的出版服务，实现作者与读者在线交流互动，以及传统出版与数字出版的融合发展。

"异步图书"是异步社区策划出版的精品IT图书的品牌，依托于人民邮电出版社在计算机图书领域30余年的发展与积淀。异步图书面向IT行业以及各行业使用IT技术的用户。

第1篇 编码宇宙：探索网络安全的层次与奥秘

01	网络安全之归零	002
02	Black out——网络安全"一个事"	011
03	两情若是久长时——网络安全"两个情"	018
04	网络安全"三个科"	023
05	网络安全"四个学"	031
06	网络安全"五个能"	039
07	网络安全"六个看"（上）	046
08	网络安全"六个看"（下）	054
09	网络安全"七宗罪"	061
10	网络安全"八个打"（上）	069
11	网络安全"八个打"（下）	077
12	一份体检报告引发的思考——数字指标化和指标数字化	088

📝 第 2 篇 光影编织：在数字迷宫中舞动的策略与智慧

13	数字安全锦囊	100
14	数字安全妙计	108
15	数字安全对抗棋谱	116
16	全球志——应急响应锦囊	123
17	草船借箭——应急响应妙计	131
18	Ryuk 继任者 Conti 盯上电源供应商——台达电子遭勒索病毒攻击	140
19	产业志——链式安全锦囊	147
20	疏而不漏——链式安全妙计	155
21	进口芯片的秘密数据收集：揭示智能手机隐私安全风险的真相	163
22	《流浪地球 2》中的网络安全元素	170

跋　　　　　　　　　　　　　　　　176

第1篇

编码宇宙：探索网络安全的层次与奥秘

01

网络安全之归零

No.1 小白剧场

小白 东哥，考你个脑筋急转弯：四个0，打一成语。

大东 嗯……是万（10000）无一（1）失吧？

小白 对咯！东哥，我最近在预习你要讲的网络安全理念课程，有了一些思考。

大东 哦？说说看。

小白 我在想，很多行业都有一些"硬杠杠"，也就是那些众所周知的评价指标，比如移动通信领域，就是连接的广泛性、通信的速度等。

大东 没错，5G已然比4G有肉眼可见的速度提升。

小白 是啊！再比如超级计算机的评价指标是算力和速度，芯片领域就是比拼制程，而卫星导航领域则关注定位精度。

大东 对的，小白知道的还不少！

小白 那网络空间安全学科领域有没有比较统一或者说共性的评价指标啊？

大东 小白，你这个问题启发了我。容我想想啊……（疯狂做笔记中）……有了，就是它！

小白 天哪！东哥，你、你、你、你这是画了个啥啊！这难道是

01 网络安全之归零

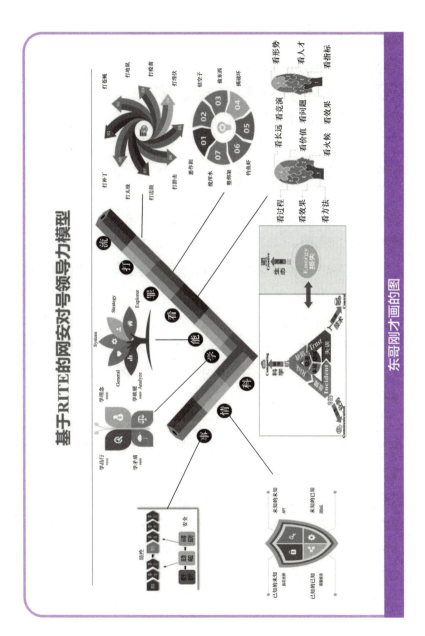

东哥刚才画的图

根被掰折了的铅笔?

大东 说啥呢小白,人家这叫对号!

小白 那东哥你画的对号又暗含哪些玄机呢?

大东 且听我娓娓道来。

No.2 话说"零收敛"

大东 提到网络空间安全学科领域的评价指标,就不得不先理解我刚才画的那张图。

小白 仔细一看,这张图很有点藏宝图的感觉啊,里面似乎全是宝贝。

大东 回溯网络空间安全学科的演进历程,我们不难看出,网络空间安全学科的核心发展特征就是产业化紧密跟随和跨学科深度融合。产业化紧密跟随就是其演进历程一直与产业发展同频共振,休戚相关。

小白 嗯嗯,跨学科深度融合就是指网络空间安全学科体系不光包含着攻防技术,也与社会工程学、军事战略学等社会科学的内容具有较强的关联度。

大东 不错啊小白,都会抢答了!提到网络空间安全学科领域的评价指标,也不能说没有,但很显然,它们还达不到你列举的通信、芯片、超级计算机等领域的"硬杠杠"水平。

小白 这个怎么理解?

大东 比如企业安全能力框架 IPDRR 就是网络空间安全学

科领域关于企业安全能力建设的一个评价标准，包括风险识别（Identify）、安全防御（Protect）、安全检测（Detect）、安全响应（Response）和安全恢复（Recovery）这五大能力。IPDRR模型体现了安全保障系统化的思想，通过管理与技术相结合来有效保障系统核心业务的安全。譬如其中有一项指标称为平均修复时间（Mean Time To Repair，MTTR），这个时间越短表示响应和恢复能力越强。

小白 听起来MTTR是很理想的评价指标啊，为什么还说网络空间安全学科领域的评价指标不够好呢？

大东 随着当前数字经济的蓬勃发展，在万物互联的技术发展背景下，指标体系也是要逐步演进的。我们更应从网络空间安全学科的新工科视角，提出一套面向数字中国和网络强国的网络安全韧性评价体系，而这既是挑战也是机遇。

小白 哦哦。

大东 网络空间安全学科的发展，应遵循问题导向的原则。

小白 确实如此，科学本身是求真和收敛的过程，必须透过问题提炼规律、还原本质、发现真理。

大东 是的，因此要想重构适配于新发展格局的网络空间安全学科领域评价指标，就应遵循事物的客观发展规律，找寻或者说探索该学科的收敛特征，从而发现其发展的深层逻辑脉络，进而不断演进和定义与时俱进的评价标准。

小白 那这套评价标准如何定义呢？

大东 我们应该从网络空间安全学科的独有视角出发，统筹兼顾社会科学和自然科学，定义统一的网络安全收敛域，将网络安全科学问题收敛归零，而归零具体可分为四个维度，分别是信任（Trust）、隐患（Risk）、事故（Incident）和损失（Energy），简称为 RITE，音同 Right，也就是对号，所以可以叫作"网安对号领导力模型"。

小白 嗯嗯。那为什么是这四个维度，这个是怎么考虑的呢？

大东 首先，人类正在进入一个人、机、物三元融合的万物智能互联时代，而人、机、物三元融合强调的是物理空间、信息空间和社会空间的有机融合。因此，从自然科学分析对象的本体来看，我们需要考虑的就是人、机、物三个维度的科学收敛指标，分别是零信任（Trust）、隐患（Risk）归零、零事故（Incident）。零信任是指由于"人"这一环节的问题可能引发安全事故，因此需要通过技术手段将失误收敛归零，譬如，开车时有人误把油门当刹车踩，那这个时候就需要通过技术感知当前行车环境，采取安全保护措施，也就是业界目前在提的零信任。

小白 哦，原来是这么回事。那么隐患归零从"机"的角度怎么解释？

大东 隐患归零则主要侧重于"机"，即在泛指的计算机网络领域的科学层面做缺陷收敛归零。譬如，近期网络安全领域关注的软件供应链安全挑战，主要原因是开源软件存在缺陷，所以需要做相应的网络安全科学研究，将这类问题逐步收敛归零，从而达到消除隐患的目的。

小白 零事故我知道，这个主要侧重在"物"。万物互联，所以零事故涉及千行百业，而千行百业的应用场景涉及不同的行业业务流程。譬如，高铁列车有一个运营指标，就是如果到站晚点的话就是运行事故，我们就可以针对安全故障归零的目标做相应的技术研究。

大东 理解很到位，所以这三个"0"在我画的图里示意为一个三角形。

小白 那为什么在它们右边还有一个损失归零呢？

大东 刚才我也提到了，从自然科学分析对象的本体甚至主体来说，只考虑以上三个维度的收敛归零是可以的，但是，如果从宏观生态视角来看，就需要增加新的思考维度。譬如，一家企业可以主动提升网络安全能力，但是把这家企业作为产业链的一环来看，如果它的上下游企业的网络安全能力有短板，这家企业仍然会有网络安全风险，像近年的"太阳风"事件等就折射出这类问题。因此，从网络安全领域的行业宏观视角来看，需要再增加一个维度，也就是零损失。为了实现经济共赢的目标，让整个产业生态携手共建网络安全能力，才能够达成损失收敛归零。

小白 人、机、物、态共同构成了四个"0"的网络安全收敛模型，从这四个维度出发做网络安全战略规划是个不错的主意。看来一个0代表空，四个0却代表着"万无一失"啊！

大东 哈哈，原来你今天的脑筋急转弯是这个意思啊！这四个0（RITE）可作为整个统一多元数字安全韧性评价体系的基座，托起上面的对号模型，整体构成了网安对号领导力模型。

小白 领导力如何理解？

大东 领导力是希望构建一系列网络安全评价指标，通过数字化评价指标的牵引，使得企事业单位形成网络安全领导能力，最终达到一流的数字化高韧性安全水平，而这些数字化评价指标总共分为九大类，一体化地蕴含在对号这张图里。

小白 我数数，"八个打""七宗罪""六个看""五个能""四个学""三个科""两个情""一个事"，全在这里啊，这个对号好神奇！

大东 不错，这就是我们后面要讲的网络安全理念课。从"一个事"到"八个打"，是从八个不同视角分别对统一多元数字安全韧性评价体系进行支撑、构建，而对号的折角落在了四个"0"上面，这意味着无论是"八个打"还是"七宗罪"，抑或是"五个能""四个学"，最终都要收敛于四个"0"之上，才能发挥极致效能，即四个0汇聚了"一"到"八"的整体效能。

小白 嗯嗯，这样说起来，我有些理解了整体的逻辑。那这个评价体系为什么不是平的，而是做成了一个对号模样呢？

大东 问得好。其实，这里暗含的道理是殊途同归。你想一想，是不是无论从南坡还是北坡，都能爬上珠穆朗玛峰？

小白 是啊！

大东 科学也是如此，对于探寻真理这一统一的目标，自然不止一条路可以走，但其归宿却应该是统一的，也就是代表科学维度的"三个科"。对号的左右两端最终会收敛到这一"珠穆朗玛峰"。

小白 我明白了，但是既然网络空间安全是一门交叉学科，那为什么在重构评价指标体系的时候选择用两侧来度量和解释，而不是三侧呢?

大东 这是因为,对号的左边,也就是"一个事"和"两个情",是社会科学关注的两个指标;而"四个学""五个能""六个看""七宗罪""八个打",是从工程技术、攻防实战、协同育人、产业发展等角度考量的指标,这些更偏向于自然科学。而"三个科",是自然科学与社会科学方法论的浑然交融,也是两种方法论殊途同归的交汇点。

小白 这样说来,积极研究和完善这套评价体系有助于提升数字中国的统一多元数字安全韧性。那么具体到网络安全行业的发展,需要哪些韧性要素呢?

大东 其实,在四个"0"的前三个"0"里面,就暗含着你所说的韧性要素的密码,即抗毁、弹性、快速重构。

No.3 大话始末

小白 东哥,我还有个疑问,就是数字安全韧性评价这件事,难道从来没有人做过吗?

大东 当然有啦,譬如国际电信联盟的全球网络安全指数(Global Cybersecurity Index,GCI)、波托马克政策研究所的网络就绪指数(Cyber Readiness Index,CRI),还有2022年世界互联网大会乌镇峰会上发布的蓝皮书都有涉及。

小白 那我们这个有什么特点呢?

大东 可以这么说,统一多元数字安全韧性评价体系的设计更多的是以网络空间安全学科的科学研究视角作为出发点，以数字指标化和指标数字化作为核心范式特征，以数字中国下的组织单元作为研究分析对象，努力成为中国式现代化在科技领域的一种科技领跑型思维的战略研究思路探索。

小白 什么是数字指标化和指标数字化呢？

大东 数字指标化是要将表象变为表征，通过指标化的手段直接从纷繁的数据中提炼出规律；而指标数字化是因为现有的评价指标不够连续，需要拉长维度从宏观视角来看问题。这一问题我们以后将进一步科普。

小白 这个我懂，"大东话安全"五年多的网络安全科普工作就是在做指标数字化，这样理解对吗？

大东 对的，小白，你的这句话也启发了我。由于构建生态和创新驱动的主体是企业，将数字安全企业纳入生态链时，将具有多元的适配场景。因此，"大东话安全"的2.0，也就是"东话优选"，将围绕网安对号领导力模型，萃取经典安全事件群，提炼网络安全共性要素，科普网络安全新理念。

No.4 小白内心说

小白 数字安全的韧性目标模式是随着时空的变化而不断变化的，必须与时俱进。我一定要努力学习，争取早日加入战略课题组，因为很显然，这个领域的科学研究大有可为啊！

Black out—— 网络安全"一个事"

No.1 小白剧场

大东 "人事有代谢，往来成古今。"

小白 "天空飘来五个字，那都不是事。"

大东 小白，《一年一度喜剧大赛第二季》你看了吗？

小白 那必须看啊，乐死我了。

大东 其中有一个 Black out（黑场剧，一种一次只制造一个"包袱"的超短喜剧形式）的喜剧场景给我留下了深刻的印象：通过东京奥运会上使用的背景音乐，先渲染一种体育竞技氛围，结果出现在舞台上的都是一些令人捧腹的滑稽动作，这种意料之外的反差感，让大家忍俊不禁。

小白 是的，出乎意料的"笑果"最好啦！

大东 其实，网络安全的发展态势也如同 Black out 一样出乎意料。每个网络安全事件的发生，总是让人觉得始料未及，层出不穷的"黑天鹅"事件使得对网络安全事件的观测极具挑战。

小白 我记得还有一个喜剧演的是同学聚会上大家各种搞笑的显摆，也是满满的 Black out 的风格。

大东 没错，喜剧表演的张力恰恰体现在这里。你看，演同学聚会那个喜剧，每个场景都是 5 秒左右，几乎是瞬间就切入下一个场景,故事之间并无线性强关联,但是在这么短时间内却能够拉满观众的代入感,这需要很强的布局能力。

小白 是啊,"大东话安全"团队五年多的网络安全科普工作,真是"人事有代谢,往来成古今"。

大东 没错,"大东话安全"对网络安全事件的解读犹如 Blackout,我们紧紧抓住了"一个事"的观测基座,对一系列看似无关的网络安全事件进行解读,当积累五年多后再回顾众多事件时,就可以涌现出很多新的认识。

小白 嗯,"一个事"原来是这个意思。

No.2 话说"一个事"

大东 在前文中,通过对网络安全从"二"到"八"规律的深刻总结、翔实剖析和审慎研判,不难看出对网络安全事件的持续跟踪与分析可以作为观测网络安全事件宏观演进脉络的重要基本面。

小白 所以这"一个事",就是试图拨开迷雾,讲述网络安全事件的观测方法?

大东 是的,网络安全事件分析之所以困难重重,是因为繁多、凌乱、离散的网络安全事件层出不穷,严重干扰了分析者的工作。但如果我们遵循事物发展的规律,充分认可变化是永恒的这一原则,顺应自然、从容不迫地把网络安全事件分析作为常态化的科研工作,就可以循序渐进地逼近观测目标。

小白 就如同只要拥有了哈勃空间望远镜,任他星空如何浩瀚,

02　Black out——网络安全"一个事"

也能清晰分辨，对吧？

大东　没错。具体而言，要想在这些看似毫无关联的网络安全事件中洞若观火，我们可以编织出一张网络安全事件"分析之网"，对其经度、纬度和结点展开长时间的观测、跟踪、研究与分析，让每一次针对网络安全事件的全方位分析在这张分析之网上"生根发芽"，这样就能够沉淀出基于网络安全事件分析的科研方法，可以从更大尺度的时空视角看到一些网络安全事件会由"无关"变"有关"，聚"离散"成"耦合"，凝"烦冗"为"收敛"。

小白　那么这张分析之网是如何织就的呢？

大东　分析之网上有各种"经度"和"纬度"，"经度"我们可从策略分析出发。

小白　这个怎么解读？

大东　策略分析可以从战备、战略、战役三个层次出发。战备层是网络安全事件的粮草，主要指尽可能对网络安全事件发生的全要素背景进行全量分析，为网络安全事件分析奠定环境基础。譬如对勒索病毒组织命名的变化，可以从网络安全事件报道的情报源头入手，就会有新的认识。

小白　"三军未发，粮草先行"嘛，尽可能找寻蛛丝马迹。

大东　是的，战略层是要建立对网络安全事件的分析要素不断重塑的科研方法，臻于至善，譬如每年年底发布的网络安全十大事件，就由原本的网络安全事件发生的时间、地点、对技术的影响逐步演进和扩充为现在的网络安全事件观测对组织、人物和技术平台等的要求，也就是说要以发展的眼光看网络安全事件。

小白　嗯嗯，那战役层呢？

大东　战役层是指根据战备层和战略层的既有基础，围绕网络安全事件开展实践过程复盘和沙盘推演，通过推敲"战役"细节，力图实现对整个网络安全事件生动、完备的再现，预见一些尚未发生而理论上可能发生的网络安全事件，从而逐步提升网络安全预测能力，也就是说知古鉴今。

小白　那我觉得应该就是咱们正在做的网络安全对抗棋谱，那么分析之网的"纬度"是指什么呢？

大东　"纬度"由基于网络安全事件的一系列战略报告构成，自底向上应该分别是万花筒、钻探机、金刚钻和瞭望塔。

小白　这好像四大法宝，哈哈！

大东　别打岔，小白。第一层次万花筒，聚焦广度：网络安全事件发生以后，要第一时间围绕该事件的全部细节要素开展客观真实的收集，构建网络安全事件拼图，力图还原事件的态势全景。第二层次钻探机，聚焦深度：众多网络安全事件犹如繁杂的线头，我们要以千头万绪为出发点，进行每日网络安全事件统一跟踪，然后每周、每月、每季度、每年做网络安全事件盘点，找寻网络安全事件之间的关联，譬如后面要讲的"七宗罪"和"八个打"，就通过对网络安全事件的新变化的分析，提炼出了攻防的演进阶段。

小白　哦，原来是"七宗罪"和"八个打"的源头啊！

大东　下面两层要更加认真地看。第三层次金刚钻，聚焦精度：这一层次要完成从"深度"到"精度"的转变，就是我们要对历史上的网络安全事件做进一步的遴选、甄选和优选，对一些重点网络

02　Black out——网络安全"一个事"

安全事件做战略层面的分析,譬如与"太阳风"事件类似的攻击事件发生的间隔越来越短,我们就可以注意到软件供应链安全成为目前全球的网络安全关注热点,从而围绕这一方面研判出开源软件会成为攻击者考虑的犯罪温床。第四层次瞭望塔,聚焦高度:我们不仅要知彼知己,围绕同一网络安全事件,充分调研、总结、萃取国内外网络安全分析与研究机构的观点和分析视角,同时还要积极"破圈",从网络安全之外的行业往回看问题,譬如后面要讲的"六个看",就是说跳出网络安全看网络安全,这样才能有新视角、新输入、新思路。

小白　东哥,这两层我还真不太了解,看来这是我后面要学习的重点。

大东　没错,"经线"和"纬线"交织成网;网的结点可以视为不同类型的网络安全事件专题系列,目前我们通过 5 年多的努力已经构建了 12 个骨干结点。

小白　好神奇,具体有哪些?

大东　这 12 个结点不仅无法用一篇文章讲完,而且要通过对"四个学"的长期学习与科研,才可以逐步掌握。这里我重点举作为入门的两个结点的例子吧。历史篇主要对近 30 年历史上的网络安全事件进行了盘点和分析,每年都选出当时最典型或最经典的事件做记录和分析;人物篇主要对造成全球轰动的网络安全事件的制造者,也就是黑客(譬如掘金黑客)做情报分析,从而得出他们制造网络安全事件的动机。

小白　这些结点的形成看来是一个分类、分级的过程啊!

大东 是的，明年我们将推出"东话优选"，作为新型网络安全科普的 2.0，把骨干结点上的经典网络安全事件做推演预测式的场景化科普。

小白 好期待啊！

No.3 大话始末

大东 1 的包罗万象，可以理解为无穷大；0 的收敛简约，可以理解为无穷小。"一个事"是通过网络安全事件分析掌握网络安全能力的一种重要方法，也是"五个能"的主要精髓，更是无穷大和无穷小之间的数字安全高韧性塑造的纽带和桥梁。

小白 原来 1 还不是结束，0 才是啊！

大东 其实"一个事"是说我们做网络安全的科研要尊重科学的基本规律。网络安全事件本就是千变万化、层出不穷的，而我们要做的应该是通过对网络安全事件持续不断地分析，逐步从人、机、物、态四个象限做安全风险收敛，这也就是我们前文所提到的基于 RITE 的网安对号领导力模型。RITE 从"零事故、零隐患、零信任和零损失"的四个"0"做科学收敛，遵循数字指标化和指标数字化的方法，对组织客体的网络安全能力做分类与分级，这样才能够让千行百业找到属于自己的网络安全基准水平线，同样也能够清晰地知道下一步应该努力提升哪些方面的网络安全能力。

02　Black out——网络安全"一个事"

No.4 小白内心说

小白　一经,一纬,一结点,一事件。1是最简单的数字,也是二进制世界的极值。1是网络安全事件万变难离的"宗",也是独一无二的观测点、聚焦点、立足点。我又要去整理笔记啦,开心!

两情若是久长时
——网络安全"两个情"

No.1 小白剧场

大东 小白,祖国的未来需要你们这一代建设。你想想,有哪些内容是重要的?

小白 嗯,我觉得情报的博弈算一个,这可是网络安全领域的一个重要内容。

大东 是的,这正是我今天要讲的内容,我把它概括为"两个情"。

小白 这真是"两情若是久长时"。

No.2 话说"两个情"

小白 东哥,那么"两个情"包含哪些主要内容呢?

大东 网络安全的世界固然纷繁复杂,然而我们不难发现,网络安全领域的行业发展主线素来脱不开"攻"和"防"两大研究对象的此消彼长。

小白 那"两个情"体现在哪里呢?

大东 "两个情"是指"已知情报"和"未知情报",它们将网络安全领域看似混沌的情报博弈世界还原为清晰的"二元"格局。

（小白） 哦,"已知情报"和"未知情报"。

（大东） 你知道情报的概念吗,小白?

（小白） 我搜了一下,情报(Intelligence)一词指的是关于某种情况的消息和报告,多带机密性质,如政治情报、军事情报。

（大东） 对。网络安全领域的情报,主要是红蓝对抗双方的威胁情报。要想取得情报博弈的胜利,就要做到对情报的预先掌握和精准感知。

（小白） 这个我理解,这点恰恰契合了《孙子兵法》里"情先于事"的论断。

（大东） 优秀啊小白,你的理解很到位。谈到情报,不得不对其中的"情"字展开分析,情绪、情形、情况都蕴含着变化,如何感知这个变化就成为网络安全研究的重点。

（小白） 你这么一说提醒了我,"事"和"情"总放在一起说,那这俩有区别吗?

（大东） 是的。情报的"情",也可理解为情绪的延伸,实际上它暗含了一定的主观因素,也就是情报的辨析主体主观认为需要获得的信息,属于"情报"的范畴,譬如军事对抗中将领对作战情报的结论会直接催动"形"的变化;而客观因素可侧重理解为归属于客观存在的"事件"范畴。"情"和"事",可分别视为网络安全对抗棋谱的黑白棋子,一以贯之却不可混淆。

（小白） 王羲之在《兰亭集序》里提出的"情随事迁,感慨系之矣",岂不是映照了事件是情报的载体这样一个道理?

（大东） 小白,你的国学造诣很深啊!的确,二者之间更似"思考"和"实践"的辩证统一关系：知情，是指研判情报，提高的是知晓能力，对应思考；而识事，则是了解事件，提高的是辨识能力，对应实践。

小白　"学而不思则罔，思而不学则殆。"

大东　是的。辨析情报并非瞄准一时的风向，而是要准确看清隐藏在情报与事件背后的规律，因为相互矛盾的情报很多，所以这一点反而很难实现；此外，辨析主体的价值观也会对情报博弈的过程和结果产生影响。有时，辨析主体囿于具体处境、认知状态等因素，辨析能力和境界稍显逊色，因此辨析情报的挑战在于知的能力，也就是发现的能力。

小白　哦，我学过异常行为发现，是说这个发现吗？

大东　可以这么认识：全面地料敌于先、谋敌在前，更迅速地掌控威胁情报博弈的价值阵地，更科学地根据威胁对象、威胁来源、威胁方法对威胁情报进行分类拆解，进而针对攻击面、攻击者、攻击手段、攻击态势展开精准布局，才能够实现运筹帷幄、算无遗策的威胁情报博弈目的。

小白　"谈笑间，樯橹灰飞烟灭。"

大东　哈哈！因此，"两个情"的"两"重点着眼在"已知"和"未知"，可分为四个象限，分别是已知的已知、已知的未知、未知的已知、未知的未知。

小白　好像绕口令啊！这个怎么理解？

大东　可从是否知己知彼的角度思考，譬如，已知的未知就是已知己方的脆弱性，未知彼方的攻击方法。从这四个象限来感知情报就可以持续性提升发现异常的能力,从而逐步达成准确的研判。

小白 原来如此,明白了,东哥。

No.3 大话始末

大东 "两个情"方法论的深层逻辑,可以引导小到企业、单位,大到地区、国家的各类组织,因地制宜地掌握网络威胁情报研判的理论依据和实操抓手,实现威胁情报博弈能力的逐级跃迁。

小白 我觉得现实中的威胁情报博弈之所以给很多单位带来较大困扰,主要原因是"不可见"——看不见、摸不着。正因为威胁情报不可见,才有大量的"事后诸葛亮",甚至很多单位在遭受网络攻击后依然不知道自己被攻击了。

大东 正是,小白进步很大。对于网络安全对抗双方来说,威胁情报先知可以视为一种"单向透明"的能力优势。这种能力的体系化建设可以从标准统一和深化外延两个方面着手。譬如,在标准统一方面,目前产业界和学术界都在做威胁情报的标准制定,而我认为标准应该更加宏观地、从用户视角对网络安全领域做标准模型统一。譬如,数字中国包括数字经济、数字社会、数字政府等,那么针对数字中国的网络安全就可以建设一套网络安全指标体系,这套体系的目标是让客体对象具有数字安全高韧性,进而实现数字安全领导力。

小白 东哥,这不就是你上次提及的网安对号领导力模型吗?原来是从指标角度着手。

大东 此外，从深化外延的角度来看，站得高才能看得远，看得远才能看得见更多原本看不见的情报，因此情报的先知也应重点考虑联合，从企业、单位的联合，到地区、国家的联合，只要实现有效联合，就可以获得与时俱进的情报先知能力。

No.4 小白内心说

小白 威胁情报的博弈确实需要着重思考，这次课受益匪浅。下节课要讲"三"啦，我觉得应该是讲网络安全分科治学，这个该怎么学习啊，感觉好难，期待！

网络安全"三个科"

No.1 小白剧场

大东 呦嗬,小白你又在看书了?

小白 是的,我在研究科学史,以前"科学"也叫"赛先生"。

大东 嗯,不错。"科学"这个词,在我国新文化运动时期被形象地称为"赛先生"。

小白 东哥我很好奇,当时的人们能够理解"赛先生",也就是"科学"的概念吗?

大东 其实"赛先生"意义上的"科学",早年多译作"格致(学)",当时的"科学"多指"分科之学"及"分科治学"之意,是我国近代科学发展的启蒙时期。

小白 原来如此。

大东 时至今日,我国的科学研究既有分科治学,又有学科交叉融合,表现为多点开花,取得了举世瞩目的巨大成就。

小白 嗯,现在咱们国家的科技发展水平已经处于世界领先地位啦。

大东 实际上,不光是广义上的科学,每个科学技术学科都有各自分科治学的历史。

小白 但是好像没听说过网络安全领域的分科治学论述。

大东: 网络空间安全学科作为新工科的典型专业学科之一,也符合学科发展的普适规律,自然也应该提出适配网络安全领域的分科治学论述。你等一下,我想一想(疯狂做笔记中)。

小白: 好的,东哥。

大东: 有了,我们可以把它称为"三个科"。"三个科"以时间维、空间维、学科维演进路线剖析为主要着眼点,总结既往,立足当下,展望未来,探究网络空间安全分科治学发展的前瞻性、方向性问题。

小白: 太好啦!东哥,那"三个科"具体包括哪些内容呢?

No.2 话说"三个科"

时间维

大东: 网络空间安全分科治学的第一个"科"是时间维,是要从剖析与挖掘历史演进规律的目标出发,对网络安全时间维度战略路线的核心要素充分提炼、准确划分,探寻网络空间安全学科领域时间维度的普适性规律,昭示学科未来发展路径。

小白: 这个我理解,知古鉴今嘛!

大东: 是的。从历史演进脉络来看网络空间安全学科领域的演进历程,可以归结为过去、现在、未来三个层次,分别对应安全事件层、指标刻画层、脉络推演层。

小白: 第一层次怎么理解?

大东 安全事件层对应着过去，这一层的分科治学通过对网络空间安全学科领域既往产生、累积的典型事件展开分析，带入经验总结、理论升华等具体治学思维的应用，提炼出一套以具体事件为切入点、发现网络安全异常行为的整体解决方案，逐步迭代、推演出事件背后的科学结论，并凝结成一整套网络安全事件分析和情报资源整合方法论。

小白 嗯嗯，听起来好严密！那第二层次呢？

大东 第二层次是指标刻画层。

小白 这个怎么解释呢？

大东 这一层对应着现在，可在安全事件层的事件分析方法论的基础上，针对有网络安全防护需求的地区、组织等客体对象做共性分析，并跨行业做安全业务提取，根据网络安全事件分析和情报资源整合方法论与实际业务萃取出一套统一多元数字安全韧性评价体系，而这套体系能够让客体对象具有数字安全高韧性，进而实现数字安全领导力，这部分的具体内容已经在前文详细阐述了，也就是基于 RITE 的网安对号领导力模型，RITE 指标体系是围绕数字化安全韧性的抗毁、快速重构和弹性三个效能的综合考虑。

小白 看来网络安全领域很多的方法论都是出于实际的业务探索啊！那第三层未来呢？

大东 这一层可通过业务实施和事件分析共同沉淀出的系统性方法论，以盘点存量、捕捉增量、盘活变量为核心目标，目的是不断推演、预测网络安全未来的技术发展趋势，找寻事情发展的科学脉络。

小白 这个我喜欢研究。

大东 如果把网络安全看作棋谱,那么对弈的双方,不仅应有对得失淡然的"历史观",也应有寸土必争的"当下观"和深谋远虑的"未来观";过去、现在和未来的时间线索,共同交织成此消彼长的对抗赛道,以及蹈机握杼、决胜千里的珍珑棋局。

小白 时间维内涵很丰富啊!

空间维

小白 东哥,那第二个"科"又是什么呢?

大东 网络空间安全分科治学的第二个"科"是空间维,是要从剖析宏观物理环境、社会经济环境和行业/产业环境的基本演进逻辑出发,充分挖掘网络安全空间维度的泛在作用规律,审慎探究网络安全行业未来业态的可持续发展路径。

小白 还是不太懂。

大东 具体来说,空间维度的发展需立足世情、国情、产情,科学定义出具体应用场景集群,从业务内在逻辑特征出发,根据场景集群推演得出有的放矢、聚焦收敛的目标;同时利用既定目标反向敦促场景集群的完善、丰富,挖掘场景化对网络安全发展的助推潜能,保障网络安全行业可持续发展的"空间"。

小白 这样哦。

大东 因此,网络空间安全学科领域从空间演进脉络来看,可以分为世情层、国情层和产情层三个层次。

小白 又是三个层次?第一层是什么呢?

大东 是世情层，这一层需仰观宇宙之大。近年来，以 Apache Log4j 漏洞、"太阳风"事件等为代表的软件供应链安全事件的频繁发生，对网络安全从业人员提出了严峻的技术挑战。

小白 是的，供应链攻击是令全球"网安人"头疼的问题。

大东 网络安全的发展空间维，不应只局限于网络安全产业对经济社会发展的助推作用，更要着眼于全球数字化转型的大趋势，对业态宏观发展和核心前瞻技术开展针对性研究，才能更好地发展网络空间安全学科。

小白 明白了，那么第二层次是什么呢？

大东 是国情层，应敢上九天揽月。网络安全关乎国计民生和国家安全，因此要围绕"四个面向"，有针对性地部署和开展前瞻性研究，这样网络安全行业才能够与时俱进，起到保驾护航的作用。

小白 嗯嗯，那第三层次呢？

大东 是产情层，这一层需俯察品类之盛。产业之盛，在于万物生长、欣欣向荣。网络安全空间维度发展的产情建设，要以数字经济为契机，依托国家战略科技力量，凝聚有生力量、整合优质资源、构建行业势能、高质量推动、高能级打造、高标准建设网络安全创新联合体，促进政、产、学、研、金、服、用等多方聚力合作，积极助推产业持续、健康、快速发展。

小白 创新联合体太重要啦！

学科维

小白 东哥，那网络空间安全分科治学的第三个"科"是什么？

🗨 大东　是学科维。

🗨 小白　不会又分为三个层次吧（偷笑）！

🗨 大东　你猜对啦。学科维是要从哲学与科学认识世界、改造世界的共同目标出发，对网络空间安全学科维度的普适方法论缜密辨析、反复推敲、有序迭代，探讨网络安全行业未来科学维的发展趋势。

🗨 小白　听起来有点玄妙，具体是什么意思呢？

🗨 大东　你先别急，我来考考你。近代国学大师王国维曾在《人间词话》中，通过描写相思之苦的三句词来表现"悬思——苦索——顿悟"的治学三重境界，相信博学的小白对这治学三境界不会陌生吧？

🗨 小白　这可难不倒我。"'昨夜西风凋碧树。独上高楼，望尽天涯路'，此第一境也。'衣带渐宽终不悔，为伊消得人憔悴'，此第二境也。'众里寻他千百度，回头蓦见，那人正在灯火阑珊处'，此第三境也。"

🗨 大东　厉害了小白！国学大师王国维巧妙地运用三句词中蕴含的哲理意趣，把词句表达的意思由爱情领域推移到治学领域，赋予它们深刻的内涵。

🗨 小白　东哥你是要借用这经典的"三境界"来类比、诠释网络空间安全学科维的"三境界"吗？

🗨 大东　对咯！我是这样划分的。第一境界——客体层："昨夜西风凋碧树。独上高楼，望尽天涯路"；第二境界——主体层："衣带渐宽终不悔，为伊消得人憔悴"；第三境界——本体层："众里寻他千百度，回头蓦见，那人正在灯火阑珊处"。

小白 这我知道,哲学里面讲过主体、客体和本体的辨析。

大东 是的。网络空间安全学科领域的学科维也可以聚焦从本体、客体、主体三个视角整体做关键能力提升。

小白 那么客体层包含哪些内容呢?

大东 客体层对应防御,即要从防御能力建设的角度不断实现整体攻防能力的螺旋式提升。客体视角是要从保护对象的角度出发,譬如,数字中国的安全,从防御体系考虑,就应该是基础防御与主动防御并重。你可以通过后面的"七宗罪"和"八个打"来理解。

小白 主体层呢?

大东 主体层对应模式,即充分考虑组织地区自身的安全能力需求和基础,量体裁衣、因地制宜地发展符合自身行业特性的安全学科体系。譬如,数字政府的安全,就应该考虑自卫模式与护卫模式并生。这部分你可以结合"六个看"来理解。

小白 嗯,那本体层呢?

大东 本体层对应形态,即从自我安全的持续能力建设出发,以风险防范为首要目标,淬炼"见微知著、管中窥豹"的态势感知和风险预警能力;同时注重在持续的业务实践中构造网络安全的策略解集,并从中提炼出未来网络空间安全学科的科研发展方向。譬如,数字经济的安全,就可以考虑内置形态与外挂形态并举。这部分你可把"五个能"和"四个学"结合起来看。

No.3 大话始末

小白 东哥,你讲的课真是越来越抽象了,这次竟然还有哲学和文学的内容!

大东 是的。要掌握网络安全方面的知识,不能局限于专业课,也要研习网络安全战略。

小白 嗯嗯!

大东 其实从人类历史发展的角度来看,每次科学技术的重大进步,都是漫长的"渐变"过程,而网络空间安全学科的发展,从表现来看却往往呈现的是一种"突变"。

小白 这点怎么理解呢?

大东 突变意味着学科性还在探索完善中,从某种意义上可以看出网络空间安全学科还是科学蓝海。在这片蓝海中航行,不仅要充分知悉"百家争鸣"的繁荣发展态势,更要精研和洞悉网络空间安全学科发展的总体趋势。只有如此,才能以"三个科"为抓手,从历史溯源、空间演进、学科发展的维度精准把握未来数字安全韧性建设的脉络。

小白 嗯嗯,我会努力的!

No.4 小白内心说

小白 东哥的课越来越"烧脑"了,不知道下节课东哥会讲些什么,拭目以待吧!

网络安全"四个学"

No.1 小白剧场

大东　小白,你在看什么书?

小白　专业课的书啊!感觉有几门专业课学得不太好,有一点迷茫。

大东　怎么说?

小白　东哥你看,其实我已经够努力了,专业课成绩不说优秀也够良好了,但是还是不知道未来就业的时候,用人单位到底要求哪些具体的技能。

大东　这正是我今天来找你聊的话题。我刚刚想到的网络空间安全学科知识和能力学习体系的"四个学",就可以帮助你明确学习内容和对象,奋力成长为优秀的网络安全人才,实现人生价值,收获事业成功。

小白　真的?太好了!东哥,那"四个学"到底是哪"四个学"呢?

No.2 话说"四个学"

学品行

大东 网络安全的第一个"学",就是学品行。

小白 这个我知道,小学的思想品德课,我每次都能考 90 分以上呢。

大东 这里提到的"品行"不仅包含了通常意义上的品格、品德和品质,还包括对我国网络安全领域的各类法律法规,比如《中华人民共和国网络安全法》《中华人民共和国数据安全法》《网络安全等级保护条例》《中华人民共和国计算机信息系统安全保护条例》等洞若观火,另外,也要对欧美地区的网络安全法律法规谙熟于心。

小白 哦哦,原来是要学习法律法规。那么学品行要注意哪些要点呢?

大东 品行的学习最重要的是开合有法,也就是说,网络安全的品行学习要做到有所为有所不为;开合有法的"法",在这里不光是指网络安全的法律法规,也聚焦于一个人的立身之本、处世之道,其核心要义就是"不作恶"。

小白 这样说来,的确如此。

大东 此外,国际计算机协会/电气电子工程师学会的《计算课程体系规范 2020》(简称 CC2020)也提出了胜任力=知识+技能+品行……(在某背景下)的公式,从标准层面强化了人才培养过程的品行权重。

(小白) 嗯嗯,东哥,你这么一说,我就明白为什么要学品行了,不光是约束自己、提高道德水平,更重要的是把自己塑造成一名可靠的网络安全从业者,提高胜任力。

(大东) 是的小白。其实无论从国家法律层面,还是个人处世维度,法都是不能轻易变更的"圭臬"和"底线"。学品行,就是要牢固树立底线意识,对相关法律法规洞若观火,有所为有所不为。

(小白) 底线太重要啦。

(大东) "开合有法"无论如何强调都不过分,网络空间安全专业的学生必须努力将自己修炼为一名网络安全法律知识丰富、道德过硬、品行端正的从业人员。

(小白) 确实啊,东哥!那么下一个要学什么?

学理念

(大东) 所谓文武之道,一张一弛。网络安全第二个"学"——学理念,在于张弛有度。

(小白) 我有点晕,这里的度和上面的法,不就是法度吗?应该是一回事吧?

(大东) 非也。世人虽然"法度"同论,但度的本质是设立约束,在约束确定的范围内可以保持一定的弹性,如同做菜的火候。

(小白) 可不可以这样理解:比如说做同样的菜,不同厨师对于火候的把握不同,菜的味道也会截然不同?

(大东) 正是如此啊,所以在网络空间安全学科的学习过程中,每个学生都要沿着一条清晰的指引线索走才能避免走弯路。这就要求学生在战略思想上做到独具慧眼,在战略规划路线上做到"有度",以透过现象看本质的哲学战略思维武装自己的头脑。

小白 原来如此。

大东 特别是,网络空间安全是一个快速演进、多学科交叉的新兴技术专业。从整体理念的发展历史角度观测,其经历了从信息安全的 CIA [C、I、A 分别指代机密性(Confidentiality,也称保密性)、完整性(Integrity)和可用性(Availability)] 三要素阶段,到网络安全的能力框架 IPDRR 阶段,再到网络空间安全的三维九空间理论阶段的演进过程;而从攻防技术理念的发展历史角度观测,又蕴含了从基础防御到先进防御,从被动防御到主动防御的发展脉络。那么何时需要采取主动防御策略,何时需要代入被动防御的理念,何时又需要二者合璧、共筑防线呢?

小白 这个就得拜托东哥指导啦。

大东 这就需要强大的战略思维作为支撑,掌握在哪里平均用力、在哪里稳健蓄力、在哪里聚焦着力。换言之,即需要具备"张"和"弛"的时机研判能力。通过对网络安全理念的精研勤习,首先获得战略思维,进而获得战略眼光的提升、跃变,才能从容不迫、举一反三、触类旁通,精准研判事态缓急,巧妙抓住主要矛盾,最终实现张弛有度的学习目标。

小白 嗯嗯。"举一隅不以三隅反,则不复也。"

大东 是的。《中华人民共和国网络安全法》的正式实施,标志着等级保护 2.0 的正式启动。《关键信息基础设施安全保护条例》自 2021 年 9 月 1 日起施行。相关法律法规在实施的过程中非常注重对信息安全的分级和分类管理，这体现了法律法规的制定充分考虑了"度"的融入。

小白 那么在实际的网络安全理念和技术中有没有类似"张弛有度"的体现呢？

大东 当然有啦！攻防既是矛盾，也是对抗，所以"度"并不是一成不变的；类似地，网络空间安全学科领域的对抗和矛盾也会与时俱进，随着时间的推移呈现出不同的态势。

小白 怎么理解呢？

大东 比如，当前的网络安全对抗存在于人与人之间，或者可以抽象为节点与节点之间；而未来，元宇宙中的网络安全态势，可能演进为人和 AI（人工智能）的对抗，甚至多个 AI 之间的对抗。

小白 哎呀呀，我好像看到了科幻大片。

大东 以后我们要讲的网络安全对抗棋谱正是这样一种总结既往理论、预测未来的典型对抗场景的集合平台。同时，"零信任""盾立方"等划时代的网络安全先进理念，以及主动防御、拟态防御、可信计算等网络安全前沿技术也非常看重战略思维的升级，从战略高度实现理念和技术层级的跃迁，可见，"张弛有度"是网络空间安全专业学生必须努力构建的战略格局。

小白 我也要好好修炼"张弛有度"啦。

学矛盾

小白 东哥，那么下一个要学的是什么呀？

大东 网络安全的第三个"学"是学矛盾。学矛盾，在于矛盾兼容。

小白：我觉得如果说品行、理念的构建是抽象的、形而上的过程，那么这里的矛盾则是具象的、形而下的过程。

大东：嗯。中国古人将矛和盾这两件典型兵器，转化为攻击和防御的对抗意象。网络安全的本质研究对象正是攻击和防御，你能举几个攻击和防御的模式或者场景的例子吗？

小白：当然可以，比如加密和解密，是历史上最早的信息对抗形态，密码的设计和破译本身也蕴含了攻击和防御的思路。

大东：对啦！又比如数据安全是不同人思想之间的对抗，物理安全领域的范·埃克窃听也是攻击和防御过程。

小白：嗯，范·埃克窃听属于旁信道攻击的一种。

大东：是的，而现代的网络安全技术，无论是漏洞挖掘，还是木马、蠕虫等都是攻击手段，而 IDS（Intrusion Detection System，入侵检测系统）、IPS（Intrusion Prevention System，入侵防御系统）、防火墙等都属于防御手段的范畴。

小白：怪不得以 CTF（Capture The Flag，夺旗赛）为代表的网络安全竞赛也特别关注攻击和防御技术的激烈角逐，原来攻击和防御是网络安全专业领域这么重要的研究对象啊！

大东：对啊，因而要在网络安全学习方面取得好成绩，就要抓住攻击与防御的理念和技术重点，扎实学习、不懈努力，实现"矛盾兼容"的目标。

学软硬

大东：网络空间安全学科不光突出体现了实践和工程科学的属

性，还体现了丰富的理论属性。从计算机学科角度观测，网络安全范畴包括软件和硬件，网络安全必须依赖于软件和硬件载体而存在。无论是软硬一体化，还是纯软件或纯硬件，都属于攻击和防御的载体，脱离了载体就无法做到言之有物，攻击和防御也就丧失了着力点。

小白 是的，那么跳出计算机学科角度观测呢？

大东 如果跳出计算机学科，从更宏大的观测视角来看，它又是"硬"的自然科学和"软"的社会科学的重要交汇点。

小白 有道理，这个我还真没有想过。

大东 因此，网络安全的最后一个"学"，是学软硬，在于软硬兼修。修代表了一种修行的心态，即要秉承活到老学到老的钻研精神，要具备扎实开展科学研究的能力。

小白 嗯嗯，这个我理解。

大东 软硬兼修就是要求网络空间安全专业的学生在学习具体技能的时候，要两手抓，允许有能力倾向和侧重，但不能忽略、轻视其中一点，方能成长为全栈式人才。

小白 东哥，全栈式人才是我的理想！

大东 那就要努力实现理想啊。

No.3 大话始末

大东 我们今天主要讨论了从学生个人角度如何进行网络空间安全学科的学习。掌握了"四个学"的方法论，在专业学习过程中就会更有方向和抓手。

小白 是的。

大东 所以要时刻牢记16字箴言：开合有法，张弛有度，矛盾兼容，软硬兼修。

小白 我记住了！

No.4 小白内心说

小白 原来我天天都能看到这四句话，每次看完都会在心里琢磨一下，今天听完东哥讲了这四句话和"四个学"，感触更加深了。网络安全领域风云万变，"四个学"是从抓住学习的主要矛盾角度出发，这样才更加符合科学规律和学习脉络，学生学习起来也更有方向。在后面的专业课学习过程中，我也会以这"四个学"为指导方针，努力奋斗，争取成为一名网络安全专业领域的优秀人才。

网络安全"五个能"

> **No.1 小白剧场**

小白 东哥,我有点焦虑。我不知道能不能找得到令自己满意的工作,也不知道在真正的职场上我具备的能力能够带我走多远。

大东 我理解你的焦虑。其实落实到具体的网络安全从业人员层面,在需要构造自身能力象限时,由于缺乏扎实稳健、业界公认的能力塑造标准作为借鉴,网络安全从业人员自身的能力提高乃至事业发展在一定程度上受到了限制。

小白 谁说不是呢!这让我想起历届 NBA(美国职业篮球联赛)的选秀赛,在篮球领域的那些天王巨星们被选拔出来,然后成为技压群雄的王者,真让人羡慕啊!

大东 是的。我们在回顾迈克尔·乔丹、科比·布莱恩特等 NBA 巨星职业生涯巅峰期的比赛视频,惊叹于他们天才般的赛场表现和力挽狂澜的王者霸气之余,也时常会想,20 岁出头的他们是如何从众人中脱颖而出的?

小白 对啊,这个好神奇。他们是怎么做到的呢?

大东 答案很简单。因为 NBA 经历了几十年的发展,其沉淀出的选秀机制可以顺利地选拔出这些天才巨星。球探的能力测评表中往往包含了与明星潜质关联度最大的核心要素:球员身高、年龄、弹跳力，在 NCAA（美国大学生体育协会）大学男子篮球联赛的成绩，最近表现（包括顺风球、逆风球等），个人气质是孤胆英雄还是全场领袖等。

小白 哦哦，原来这些球探也都有个"选秀指南"啊！

大东 没错，如果没有科学的选秀标准他们也很难判断。

小白 网络安全领域要是也有个"选秀指南"，我就可以对照着看自己的能力还有哪些短板需要补齐了，那样的话学习会更有方向。

大东 你这个问题启发了我，稍等啊（疯狂做笔记）……好了，我刚才写了"五个能"，可作为成为网络安全领域高手的必备条件，能够为网络安全从业人员进行能力建设和技艺修炼提供参考。它还可以作为行业或企业衡量网络安全从业人员发展潜质和能力维度的"选秀指南"。

No.2 话说"五个能"

小白 那东哥，"五个能"到底是啥啊？

大东 别急，且听我细细道来。

总体集成能力（General）

大东 第一个能力是总体集成能力，可以用英文 General 来表示。网络空间安全是一门围绕产业生态衍生的学科，肇始于业态伴生的它将其鲜明的产业依赖属性写入了学科发展的基因中。

小白 嗯嗯，这个我知道，传统的安全观认为网络安全是伴生技术。

大东 没错，网络空间安全学科与产业结构布局、经济社会发展是相辅相成的，这决定了在网络安全领域，总体集成能力是网络安全从业人员必须具备的一项看家本领。

小白 是啊，技术要服务于经济社会的发展。

大东 这就要求网络安全从业人员必须具备业务思维，学会从甲方和乙方的站位思考网络安全问题，条分缕析地思考网络安全事件的前因后果、来龙去脉，从业务的推进过程中抽丝剥茧、见微知著，进而获得总体集成能力。

小白 明白了，我要努力掌握总体集成能力。

战略研究能力（Strategy）

大东 第二个要具备的能力是战略研究能力，可以用英文 Strategy 来表示。

小白 网络安全从业人员还要掌握战略研究能力？那不是智库做的事情吗？

大东 非也。网络空间安全是一门特殊的学科，首先它很"年轻"，从 C-Brain（也写作 C-BRAIN）病毒诞生的病毒元年——1987 年至今，不过存在了 30 多年的时间。

小白 是啊，但还是比我老，嘻嘻……

大东 你永远 18 岁，行了吧。此外，网络安全又是关乎国计民生、国家安全的重要高新科技领域，它的发展对于我国的科技创新起到重要的作用。

小白 那与战略有什么关系呢?

大东 这一特点,决定了网络安全从业人员也要立足世情、国情、产情,从国际局势、国家大势、产业趋势的总体战略层面开拓视野和格局,具备网络安全战略研究的能力。

小白 明白了,原来网络安全的思维、方法论都与战略研究息息相关啊,我以前还真没想过这个问题。

大东 现在明白还不晚哦。

网络攻防能力(Analyze)

大东 第三个能力叫作网络攻防能力,可以用英文 Analyze 来表示。

小白 这个好理解,我们选修的专业课每天都在围绕这个命题开展学习。

大东 是的,网络空间安全是由以密码学为主体的信息安全和以网络攻防为主体的网络安全共同构成的新兴学科,而当今魔道相长、花招迭出的网络攻击手段要求网络安全从业人员要具备网络攻防的技术能力。

小白 这一块要注重学习哪些内容,进而提升能力呢?

大东 既要学习攻击手段,实时跟进和了解新的攻击手段、技术,也要与时俱进地学习先进的防御思维和理念,比如"内置式主动防御""盾立方"等,从正反两方面切实提高网络攻防能力。

小白 正所谓"未知攻,焉知防"嘛,对吧东哥?

大东 答对啦!

科技前沿探索能力（Explorer）

大东 第四个是科技前沿探索能力，可以用英文 Explorer 来表示。

小白 听起来好高端！

大东 网络安全作为重要的科技前沿领域之一，要求从业人员必须具备紧跟科技前沿的科学探索能力，这不仅是网络安全从业人员源头创新的理论和实践基础，而且是构建我国未来科技发展新格局、实现网络安全领域从"跟跑"到"领跑"范式突破的基本要求。

小白 嗯嗯，这也是我们这代莘莘学子的重要责任。

系统培育人才能力（System）

大东 除了上述四大能力外，还有一个常常被忽视的能力，那就是系统培育人才能力，可以用英文 System 来表示。

小白 也就是职场中所说的"传帮带"？

大东 对咯！众所周知，网络空间安全作为新工科的代表学科之一，相关人员的能力提升过程充分体现着"传帮带"的工匠精神。

小白 薪火相传，生生不息。

大东 而网络空间安全学科领域的一代宗师们，往往其师傅和弟子也都是冠绝一时的泰斗或巨擘，他们在注重自身能力提升的同时，也兼顾系统育人的责任，这更有利于窥知网络安全行业的"全豹"。因此要想成为网络安全领域的杰出人才，还要具备系统培育人才的能力。

> 小白　一想到以后我也要带徒弟,就有点小兴奋呢!
>
> 大东　别美了,先把五大能力构建好再想吧。

No.3 大话始末

> 小白　今天听了东哥讲的"五个能",我终于有了一本验证自己能力的"选秀指南"啦。
>
> 大东　你要对照好"五个能",补齐自己的能力短板。
>
> 小白　这样我就更有信心在毕业的时候做到自己的能力与职场要求无缝匹配了。但是怎么验证我获得了五大能力呢?而且,这五大能力的具体构建,绝对不是一件容易的事,除了需要学习专业技术知识以外,还需要哪些培养环节的加持呢?
>
> 大东　你提的问题很好,说明你对这个问题思考得比较深入了。首先可以通过科研攻关、深度调研、工程管理、应急任务、索引化归档等不同领域具体或细分培养任务的执行,在实践中体会任务管理的闭环流程,进而有效实现五大能力的全面提升。其次就是我们上节课讲的"四个学",要抓住学习过程中的主要矛盾,针对四个要素进行重点击破。
>
> 小白　我明白了,东哥。

No.4 小白内心说

> 小白　无论是网络安全的从业人员还是行业/企业,都需要具备

06 网络安全"五个能"

过硬的核心能力作为"金刚钻",才能在残酷激烈的市场竞争中立于不败之地。作为未来的网络安全从业人员,我必须秣马厉兵、宵衣旰食,奋力练就看家绝活,为我国网络安全行业的发展贡献自己的一份力量。

07

网络安全"六个看"(上)

No.1 小白剧场

小白 不要被我的样子吓坏,其实我很可爱……

大东 呦嗬,小白在唱歌啊!

小白 那当然,这是任贤齐当年火遍大江南北的"神曲"《对面的女孩看过来》,道出了一个希望被女孩关注认可的宅男的心声。我左看,右看,上看,下看……

大东 那么问题来了,对于网络安全,个人到底该怎么看呢?

小白 这……东哥,你有啥好的建议吗?

大东 其实,在酒香也怕巷子深的当今社会,拥有一双慧眼,就能有效地对特定行业欣赏、观测、发现、甄别、洞察,就如同拥有了神兵利器,能将浩如烟海的产业情报化整为零、去粗取精,实现精准的信息遴选,进而快人一步、棋高一着,占尽行业、产业先机。在网络安全行业中,亦复如是。

小白 道理是这个道理不假,但是东哥,这方面有没有一种类似于"观影指南"的使用手册?

大东 稍等,我整理一下……(思考中)……有了,我把它总结为网络安全"六个看"。

小白 看来又得记笔记啦!

No.2 话说"六个看"

引子：看热闹

大东 所谓"外行看热闹，内行看门道"。无论是内行还是外行，都必须"懂行"，才能准确把握行业发展趋势，在激烈的市场竞争中立于不败之地。

小白 不错。

大东 而网络空间安全学科恰恰是一门知识口径较为宽泛的交叉学科，这会天然产生"看热闹""看门道"的空间。

小白 对啊，看热闹虽然简单，但是也是有学问的呢！

大东 是的。比如看电影的时候，我们往往会惊叹于编剧思维的天马行空，以及剧情的一波三折、环环相扣，震撼于制作场面的宏大繁复、美轮美奂。再比如在我们挑选手机的时候，往往会因为商家的夸大宣传（比如比脸大的手机屏幕、能拍某颗卫星的摄像头），或者人们的口口相传、人云亦云，购买欲望被激发而购置。

看电影是审美需求，买手机是使用需求，这些需求都是生活中看热闹场景的典型代表。不过，从看热闹到看门道，又哪有那么简单呢？否则任贤齐歌曲里的寂寞男孩也不用像看"六视图"一般把女孩子看个底儿掉啦！

小白 但是从看热闹的兴趣引入，到看门道的能力达成，往往需要经历一个漫长的修习过程，不是一蹴而就的事啊！

大东 所以啊，普罗大众要实现对网络安全行业从初窥门径"看热闹",到如数家珍"看门道"的视野跃迁,就要经历下面的"六个看"过程。这"六个看"过程,就如同博弈中的段位逐步提高的过程。

小白 原来这就是普罗大众观测网络安全领域的"观影指南"啊!

大东 对啦!

看过程

大东 小白,你去西北菜连锁品牌 XX 吃过饭吗?

小白 上个月还去吃过,透明的厨房给我留下了深刻印象。

大东 嗯,若干年前 XX 西北菜连锁餐厅创新性地推出了透明厨房,成为其长期称霸中国西北菜连锁品牌榜单的重要原因之一。透明厨房让食客可以直观看到从新鲜食材变为一道道美食的全过程,是一场视觉和味觉的双重饕餮盛宴,并在餐饮界刮起一阵效仿之风。

小白 确实,无论是 XX 西北菜连锁品牌,还是其他餐厅的跟风行为,都揭示了透明厨房爆火的内在逻辑,那就是将做菜的过程公之于众,让食客对做菜的食材选择、卫生清洁等环节放心。

大东 不错啊小白,看来你还是个美食家。网络安全领域也是如此,如果能够将艰深晦涩的概念和神秘的攻防过程透明化、过程化,让本来看热闹的人能看到过程,那么他们就会有更深刻的体验、更丰满的认知、更立体的共鸣。

小白 这就是"看过程"咯!

大东 对!

看效果

小白 那么下一个"看"是看什么呢?

大东 是"看效果"。网络空间安全学科与产业结构布局、经济社会发展相辅相成的历史演进脉络也决定了在网络安全领域,从业人员必须学会从用户的角度思考网络安全问题,条分缕析地思考网络安全事件的前因后果、来龙去脉,从业务的推进过程中抽丝剥茧、见微知著,即"看效果"。

小白 嗯嗯,要时刻牢记"满足用户需求至上"的实用性原则,一切从效果侧见分晓。

大东 对啊,看懂过程只是初级阶段,而看懂效果则意味着能够清晰地把握我们所实施的措施带来的直接影响。具体来说,我们要看到网络安全措施在 AI 数字时代的业务运营中所带来的减少安全事件频次、降低数据泄露风险、提升系统稳定性等效果。这些效果不仅体现在数字化指标上,更体现在用户的满意度、品牌声誉和公司的盈利能力等方面。

小白 原来如此,看懂效果才能真正证明我们对网络安全措施的理解和应用。

大东 没错,这也是我们不断提升数字安全韧性的关键所在。

看方法

大东 小白,今年夏天热不热?

小白 可别提了啊,溽暑难当,江浙沪"包热",到处都是

"熟"人的今年夏天,我真的想说空调救了我一命。

大东 在感念空调的救命之恩的同时,你肯定也知道空调具有很多工作模式。比如:北方气候干热,我们就可以用湿冷模式;而南方湿热,如果在房间里启动了"抽湿"模式,去湿气的同时也能够达到较好的制冷效果。

小白 这个我知道。

大东 再比如,买车的时候,我们都会不厌其烦地听4S店的销售人员讲解汽车的动力方式,是电动还是燃油?抑或混合动力?这些都是"看方法"。

小白 哦哦,看空调、看汽车的"方法"也启发了我们:其实对于网络空间安全学科,也要看这些"方法",对吧?

大东 正解,这样才能在看过程和看效果的基础上对网络安全行业有更进一步的认识。

看火候

小白 那看完了方法,还看什么呢?

大东 想一想,我们在厨房烹调美食的时候,光准备好食材、配料,知道了一道菜该炖或炒、煎或炸尚远远不够,还要知道,炒到什么时候可以认定是熟了,炖菜用文火还是武火。

小白 看火候?

大东 对的,看懂方法的同时,还要在落实方法的过程中实施"微操",这就是"看火候"。要学会量体裁衣,比如对于涉及网络安全的资产、设施、设备,具体如何开展审计、渗透测试、压力测试等技术管理手段。

小白 这就不能依赖于单纯的方法，更需要"看火候"，上手段了。

大东 是的。

看价值

小白 接下来还要看什么呢？

大东 让我们回到"看热闹"引子里面提到的购置手机的场景。在看热闹的阶段选购手机，听信了商家的销售宣传，头脑一发热就买了，那么一系列问题可能会接踵而至。

小白 是的，手机屏幕的确比脸都大，但是我家里有电视、包里有 iPad，要那么大手机屏幕干吗？50 倍变焦的摄像头确实能看到某些卫星，但我也不是伽利略他老人家，天天看卫星干什么呢？诸如此类，不一而足。这类问题产生的原因是什么呢？

大东 正是如此。因为不懂行，所以才被迫看热闹。

小白 对啊，手机又不是包子，中午在这家包子店踩了雷，大不了晚上换一家；手机可是几千块钱的昂贵物件啊，试错成本很高。

大东 这就要求我们更加深入地研究复杂的智能手机参数体系，也就是"看价值"，比如抗摔能力、前后置摄像头的像素、屏幕的分辨率、CPU 性能、操作系统等。对于网络安全行业，在从看热闹到看门道的转变过程中，"看价值"是至关重要的一步，要货比三家，最终选取物美价廉的产品和服务。

小白 明白了。

看长远

大东 看完了过程、效果、方法、火候和价值,基本上已经可以说对网络安全行业有了一定程度的了解,但是别忘了,任何事物都要采用与时俱进的发展的眼光来看待,而非故步自封地静止看待。

小白 确实,尤其是网络空间安全这类方兴未艾的高新技术学科领域。

大东 是的。"看长远"体现了一个人的眼界和格局,是迈入看门道高手"段位"的"临门一脚",也是关键的环节。而这个犹如围棋棋手一样,需要不断增长自己的打棋谱和看棋能力。

小白 有什么好的思路吗?

大东 目前,我们提出了"网络安全对抗棋谱"的新安全理念,就是以层出不穷的网络安全事件作为长期分析对象,针对网络安全的本质(即攻防)做聚焦性研究,把关系到国计民生的需求作为科学问题,不断积累迭代,形成网络安全对抗棋谱。

小白 我懂了,我想提高自己的"看长远"能力,在不同的级别或阶段看对应的网络安全对抗棋谱就好了,这套棋谱太有用了。

结语:看门道

大东 现在我们终于可以信心满满地看门道了。回过头来我们想一想,为什么必须要实现从看热闹到看门道的跃迁呢?

小白 为什么?

大东 我们还是回到"看热闹"引子里的看电影场景。当我们不再惊叹于编剧思维的天马行空，以及剧情的一波三折、环环相扣，不再震撼于制作场面的宏大繁复、美轮美奂的时候，电影鉴赏水平就自然而然地提升了。我们会更加倾向于关注电影的类别、拍摄手法、音轨的设计、长短镜头交替、特写等更加专业的审美细节问题。

小白 原来如此！

No.3 大话始末

大东 我们今天主要讨论从个人角度来看网络安全的问题，讲了从看热闹到看门道的跃迁。而这几乎是一个必然的过程，本质上是马斯洛的五层需求逐步提高的具体体现。无论是看电影、买手机的场景，还是审视网络安全行业，我们都是通过朱光潜在《谈美》中提到的从"善""美"的维度切入去追求科学的"真"。网络安全行业作为一个新兴科技领域，其"求真"的属性越发凸显。

小白 嗯，求真是一个永恒的追求啊！

No.4 小白内心说

小白 听了东哥的介绍，我明白了，懂行最重要。现在的产业分工更加精细，所以我们要提高我们的鉴别能力，遇到问题找懂行的人。听了东哥讲的"六个看"，现在还有点晕晕的。我都拿小本本记下啦！看来无论是想成为网络安全专家还是找网络安全专家咨询，都离不开中国科学院啊！

08

网络安全"六个看"(下)

No.1 小白剧场

小白 我想了又想我猜了又猜,女孩们的心事还真奇怪……

大东 小白,最近都快被你的《对面的女孩看过来》"洗脑"了!敢不敢换一个?

小白 东哥我改,马上改。

大东 那么问题来了,对于网络安全,用户到底该怎么看呢?

小白 东哥,这方面有没有一种类似于上一课中"六个看"那样的"观影指南"?

大东 有啊,我把它总结为"网络安全'六个看'(下)"。

小白 太牛啦!这是"六个又看",看来又得记笔记啦!

No.2 话说"六个看"

引子:还是看热闹

大东 在上一课中,我们通过购置手机和看电影两个场景,讲述了从个人视角看网络安全行业的看热闹,今天我们将镜头切换到了用户的视角。用户也常常会陷入"当局者迷、旁观者清"的状态,譬如，有的单位在制定网络安全战略规划的时候，往往会产生一种"乱花渐欲迷人眼"的烦冗缭乱之感，无法清晰准确地把握网络安全行业的发展态势。

小白　"浅草才能没马蹄"。

大东　小白，别老打岔。这次提出的网络安全"六个看"的"洞察之眼"，可以类比一出戏的排练流程，将网络安全用户应具备的能力从"万花筒"转为"显微镜"，使得用户拥有了"火眼金睛"，上下左右东西南北，可以看清网络安全行业的发展脉络。

小白　这是从用户视角看网络安全领域的"观戏指南"啦！

大东　对啦！

看竞演

小白　东哥，"六个又看"首先要看什么呢？

大东　首先是"看竞演"。"看竞演"是通过活灵活现的攻防过程展示，让用户更加直观地了解网络安全的内在逻辑和技术机理。"看竞演"好比一场戏的帷幕，当你徐徐拉开这道帷幕，网络安全的世界就在你面前呈现出来。

小白　终于开幕啦！

大东　想要进入网络空间安全学科的世界，就要牢记"竞、评、演、练"这四个字，"看竞演"正是这四者的统一体。我们可以通过对竞演过程的检测，整体性把握竞赛、考评、演练、训练这四个环节的脉络；通过攻防演练，揭示网络空间安全学科的演进规律。中国科学院举办的 X-NUCA 全国高校网安联赛就是一种很好的比赛方式。参赛单位可以通过这个比赛选拔人才；参赛选手可以通过比赛题目了解网络安全行业的发展趋势，还可以通过比赛提高能力和水平。

看问题

大东 接下来是"看问题"。看问题犹如医院的体检场景，每个企业用户由于业务、组织、人员的差异，所面临的网络安全风险也千差万别，因此好的网络安全服务应该是围绕目标对象制定的，以发现针对性的网络安全威胁，也就是说"望、闻、问、切"，譬如可以根据企业用户实际业务中的各类场景制定具有针对性的网络安全测试服务，如常用软件脆弱性分析、黑白盒测试等，"看问题"好比一出戏的开场亮相。

小白 哦哦。

大东 从漏洞挖掘和软件脆弱性测试角度来看问题，可以对企业在数字化转型中暴露出来的问题精准定位、靶向聚焦、各个击破；也可对先进系统建设过程中出现的短板开展专项补漏，以期为整个企业的数字化转型提供安全技术支撑。

小白 这样也可以为全行业数字安全建设提供强有力的保障。

大东 没错。

看效果

小白 看完了竞演和问题，接下来需要看什么呢？

大东 要"看效果"，也就是说医生看完病后得开药方了。众所周知，医生的医术高不高明关键看方子是否有效果，而这就需要医生在事前就能够精准预测。因此，在网络安全领域，网络安全解决方案是否有效，关键看其是否适合用户，是否为用户量身定做。因此，一定要因地制宜、因人而异地做好内嵌式解决方案，才可以更好地"看效果"。内嵌式解决方案的关键在于综合统筹"看问题"阶段得到的各个问题，适配化、敏捷化、定制化地提出对应的网络安全解决方案，融入为实现企业数字化转型提供助推动力的服务思维意识。

小白 这个就好比一出戏的情节转折，对吧？

大东 没错，只有承接"看问题"层面发现的问题，有针对性地提出解决方案，"看效果"才能遴选出好的网络安全措施。网络安全作为一个有机交融的整体，其面向企业用户业务需求的解决方案是助力行业整体跃迁的重要方式之一。

看指标

大东 网络与信息安全的建设作为关乎国计民生的关键信息基础设施之一，在当前云谲波诡的大国博弈中扮演着重要的角色，如何按方抓药，给用户提供性价比最高的药，也就是说网络安全解决方案里包括的网络安全产品，成了需要聚焦的话题，好比一出戏的小高潮。

小白 这里要看什么呢？

大东 要"看指标"了。"看指标"是在提出解决方案基础上对相应的产品（也就是网络安全的药）做进一步分析，这就如同货比三家；在网络安全领域，衡量产品指标的重要原则之一就是产品的指标是否先进。

小白 哦，那是不是应该构建一套网络安全产品先进指标体系？这样才便于用户进行对比选择。

大东 是这样的，尤其是在国家科技领域的"赛马"机制的引领下，要充分挖掘用户主体的创新势能，百花齐放，优中选优，在建成事实意义上的行业标准的同时，针对优秀的指标体系设计，开展全行业推广落地覆盖。

看人才

大东 各国的网络安全人才培养计划多年以来为各国培养了数量可观的优秀网络安全工程技术、科研学术人才，成为各国面向新世纪人才竞争的重要筹码之一。

小白 我国有类似的人才培养计划吗？

大东 我国很多高校和企业也开展了面向网络安全的定制性人才培养计划，是为"看人才"，好比一出戏的高潮。

小白 为什么"看人才"是高潮呢？

大东 因为行业的长期蓬勃健康发展离不开优秀人才涌现；网络安全领域的国际竞争，更要抓住人才培养这一至关重要的环节。世界各国纷纷在网络安全人才培养领域展开了激烈的角逐。

小白 原来如此。

看形势

大东 有了以上"五个看"的基础,现在要开始"看形势"了。

小白 如何看呢?

大东 简单来说就是要定期跟踪网络安全战略报告,可以从世情、国情、民情三个角度来遴选浩瀚如海的企业网络安全战略报告,跟踪网络安全技术演进与发展形势。比较容易开展的工作就是,从全球网络安全热点事件入手,对自己所关注的行业做网络安全事件分类并做长期跟踪,以资用户立足发展阶段,把握发展规律,洞悉发展态势,是为"看形势",好比一出戏的结局。

小白 那必须认真看"大东话安全"专栏了。

大东 哈哈,是的。"看形势"是对前面"五个看"的凝华式总结,不仅能够帮助用户更加准确地看形势,还能以顶层设计的战略功能定位反哺、优化"五个看",使"六个看"系统日臻完善,为网络安全行业的纵深发展持续提供源头活水般的理论保障。

结语:还是看门道

小白 现在我们又来到了看门道的环节。

大东 回过头来,我们还是要想一想为什么从用户的视角,也必须实现从看热闹到看门道的跃迁。

小白 在我看来,主要是因为网络安全行业的发展,是一项精密复杂的系统工程。

大东 小白,你进步很大。一方面,它与我国经济社会尤其是信息产业的发展有着天然的、千丝万缕的联系；另一方面，它又与事关国计民生、国家安全等的重大问题密不可分。因此我们必须以整体的、动态的、开放的、相对的、共同的、博弈的眼光来看待网络安全行业的发展。

No.3 大话始末

小白 东哥，上次你提到了网络安全对抗棋谱，我理解可以把网络安全事件作为一盘棋，以棋谱的形式记录下来，可通过复盘推演的方式提升自己的网络安全业务能力。

大东 非常棒，你已经看出些门道了。

小白 但是如何验证段位的升级呢？

大东 这就需要建立一套国家级的网络安全水平等级考试系统。

小白 嗯嗯，建立考试系统势在必行啊！

No.4 小白内心说

小白 网络安全企业作为行业"细胞"，要将自身的发展融入千行百业的发展中，利用好个体与整体之间的依存关系，擦亮双眼，以"六个看"作为科学观测的"火眼金睛"，才能在新时代更好地为我国经济社会的发展做出贡献。不过话说听了东哥讲的"六个又看"，我还得想了再想。

网络安全"七宗罪"

No.1 小白剧场

小白 东哥东哥,你说小孩子为什么都喜欢玩"警察抓小偷"的游戏呢?

大东 在现实的世界里,警察是正义的化身,所以小朋友都希望能够扮演警察啦。

小白 在网络世界里,是不是也有这样正义的网络警察呢?

大东 当然有啦!在网络世界中,也有这样一群代表正义的网络警察,还有类似于现实社会中的志愿者,称为"白帽子";而坏人,统称为"黑客"。网络警察和黑客如同现实社会中的警察和不法分子,时时刻刻在网络世界的各个角落展开着激烈的角逐。黑客威胁网络世界安全的"撒手锏"可以概括为"七宗罪"。

小白 "七宗罪"?听起来有点怕怕的。东哥,那是哪"七宗罪"呢?

No.2 话说"七宗罪"

第一宗罪:恶作剧

大东 首先来说说这第一宗罪——恶作剧。

小白：恶作剧？感觉没那么害怕了，东哥你快讲讲吧。

大东：CIH 病毒你听说过吗？

小白：CIH 病毒？当然听说过。它是一种能够破坏计算机系统硬件的病毒，最早随国际两大盗版集团贩卖的盗版光盘在欧美等地广泛传播，随后进一步通过 Internet 传播到全世界各个角落。可是为什么说 CIH 病毒是恶作剧呢？

大东：你知道 CIH 病毒为啥叫这个名字吗？

小白：有特别的含义？

大东：没有，只是因为他的制造者叫陈盈豪。

小白：这也……真是让人意想不到。

大东：那你知道他为啥要弄这个病毒吗？

小白：为了获取利益？让人恐惧？

大东：目的是想出一家在广告上吹嘘"百分之百防毒"的软件公司的洋相。

小白：啊？什么鬼？

大东：他从大学一年级开始就痴迷上了计算机，每天都要上网，下载最热门的软件、游戏，因此也经常遭遇计算机病毒。而为了摆脱计算机屡屡中毒的烦恼，他买了不少广告做得天花乱坠的防病毒软件，结果往往什么用也没有，于是觉得自己被欺骗了，从而设计了 CIH 病毒。

小白：就这？确实够恶作剧了。

大东：不只如此，你知道为什么当时 CIH 病毒每月 26 日会爆发吗？

小白：我知道"世界病毒日"是 4 月 26 日，好像是因为 CIH 而定的，难道是生日？

> 大东　CIH 病毒在 26 日发作是因为 26 是陈盈豪高中的座位号，也是他的绰号。

> 小白　这也太恶作剧了吧！当时这款病毒给全球很多国家都带来了巨大的损失啊，让人惶惶不安的。

> 大东　的确，CIH 病毒特别凶，会跟着盗版硬盘游戏进入计算机系统，发作后会破坏硬盘数据，甚至有可能破坏主板上存放的计算机最重要的基本输入输出的程序、开机后自检程序、系统自启动程序和系统参数的 BIOS（基本输入输出系统），使得主机无法启动。

> 小白　这么可怕的病毒居然是因为恶作剧，不可思议！东哥，那黑客的第二宗罪是什么呢？

第二宗罪：钻空子

> 大东　接下来要介绍的第二宗罪是钻空子。

> 小白　钻空子？

> 大东　我们使用的计算机系统和软件，都是程序员编写的。而就算再厉害的程序员写出来的程序也会有一些"空子"可钻，这些"空子"就叫作漏洞。

> 小白　确实，漏洞给了黑客可乘之机。

> 大东　黑客通常会利用漏洞来得到计算机的控制权。比如，黑客编写的代码能够越过具有漏洞的程序的限制，获得运行权限。

> 小白　小小的漏洞也会给网络世界造成严重的危害啊！那第三宗罪是什么呢？

第三宗罪：偷东西

大东 黑客的第三宗罪是偷东西。

小白 小偷？太可恶了！现实生活中的小偷通过不法手段把别人的财物据为己有，就像《黑猫警长》里面的"一只耳"那样臭名昭著，人人喊打。

大东 网络世界里也有很多类似的网络小偷。

小白 那网络小偷都是如何做的呢？

大东 他们会通过病毒、撞库等方式窃取个人隐私信息、盗取银行卡密码等，甚至比"一只耳"的行径还要恶劣。

小白 这让我想起了 DNS（域名服务器）劫持。

大东 你说得没错，DNS 是负责域名解析的服务器，一旦黑客破坏了 DNS 解析的过程，用户输入域名后，会被指向黑客指定的 IP 地址，用户往往很难看出破绽，但所有的流量都会转向黑客指定的虚假的服务器。

小白 那这样黑客不但很容易获取各种密码、个人信息等，还可以植入木马病毒，盗窃个人财产。

大东 没错。

小白 真是些坏人！那他们还有哪些恶行呢？

第四宗罪：搞破坏

大东 接下来我给你介绍一下黑客的第四宗罪——搞破坏。

小白 这个词一听就不友善。

大东 这类网络坏蛋热衷于破坏网络基础设置（比如网站等）。

小白 他们是如何进行破坏的呢？

大东 比如DDoS（分布式拒绝服务）就是这样一种"搞破坏"。

小白 那倒是，它能使很多计算机在同一时间遭受到攻击，使攻击的目标无法正常使用。

大东 是这样的，而且分布式拒绝服务攻击已经出现了很多次，导致很多的大型网站都出现了无法进行操作的情况，这样不仅会影响用户的正常使用，而且会造成非常巨大的经济损失。

小白 太让人气愤了！东哥，那第五宗罪是什么呢？

第五宗罪：整绑架

大东 黑客的第五宗罪就是整绑架。

小白 现实社会中，绑架是一种极其恶劣的犯罪行径，凶神恶煞的绑匪为了一己之利不仅会威胁人们的生命和财产安全，而且威胁社会稳定。那在网络世界里的绑匪是怎么进行绑架的呢？

大东 他们通过骚扰、恐吓甚至采用绑架用户文件等方式，使用户的数据资产或计算资源无法正常使用，并以此为条件向用户勒索钱财。

小白 用户数据资产都包括哪些呢？

大东 用户数据资产包括文档、邮件、数据库、源码、图片、压缩文件等。

小白 如果是重要信息，那真的是不得不赎回了，那他们要怎样交接赎金呢？

大东 赎金形式包括真实货币、比特币或其他虚拟货币。

小白 如果不支付赎金会怎样呢？

大东 有些磁盘文件，只有支付赎金才能解密恢复；而有些重要数据，如果不支付赎金就会被这些绑匪泄露，甚至会危害人们的隐私安全。

小白 又是偷又是盗的，这些黑客可真是猖狂啊！那第六宗罪又是什么呢？

第六宗罪：钓鱼虾

大东 黑客的第六宗罪就是钓鱼虾。

小白 东哥，这个我知道，古诗云："坐观垂钓者，徒有羡鱼情。"

大东 不错嘛小白。网络世界里也存在着这样一群"钓客"，但他们可没有钓鱼的雅兴，他们愿意经历漫长的潜伏、等待，设下诱饵来让人们上钩，最终只是为了谋取巨额的不法收入。

小白 网络世界里真的有这样的"钓客"吗？

大东 以震网病毒（Stuxnet）为典型代表的APT（高级持续性威胁）就是这样一类大盗。

小白 APT是什么呢？

大东 APT是指隐匿而持久的计算机入侵过程，通常由某些人员精心策划，针对特定的目标。其通常是出于商业或政治动机，针对特定组织或国家，并要求在长时间内保持高隐蔽性。

小白 不过网络上倒是经常会出现钓鱼邮件、钓鱼链接,若是不小心点进去,就很有可能被黑客获取了个人隐私信息,严重的如银行卡信息被盗取也会造成财产损失。

第七宗罪:搅浑水

大东 APT 已经涉及一些国家层面的网络对抗了,有的网络坏蛋就希望把世界这一潭清水搅浑。

小白 搅浑水?

大东 没错,黑客的第七宗罪就是搅浑水。

小白 搅浑水以便浑水摸鱼。

No.3 大话始末

小白 黑客原来有这么多手段呢,不仅有恶作剧,还喜欢钻空子、偷东西、搞破坏、整绑架、钓鱼虾和搅浑水。可是网络世界的攻防较量也始终没有停止。

大东 网络世界纷繁复杂,绝不只是正义与邪恶的较量那么简单。

小白 面对复杂多变的攻击态势,网络安全防护要怎么做呢?

大东 在未来,网络安全防护将从传统上的强调自身安全的自卫模式升级到有先进外部协助防御力量加持的自卫与护卫联动模式。

小白 现在有这样的防护手段了吗?

大东 以"盾立方"为代表的网络安全防御体系正代表了这一趋势。

小白 我只听过"水立方","盾立方"是什么呢?

大东 "盾立方"探查结构由蜜点、蜜罐、蜜网、蜜洞这"四蜜"组成,助力发现威胁来源、跟踪威胁行为,可以有效地应对高能级未知攻击类型。我们在研究网络安全问题时,要保持整体的、动态的、开放的、相对的、共同的、博弈的态度,只有如此,才能真正把握网络空间安全学科的脉络和发展规律。

No.4 小白内心说

小白 作为一个新兴科技领域,网络空间安全确实是一门内涵不断丰富、技术持续演进的学科。看来我还得好好学习,天天向上!

网络安全"八个打"(上)

No.1 小白剧场

小白 东哥东哥,最近我在看 2021 年十大网络安全事件盘点的过程中发现了一个很奇怪的现象。

大东 哦?你发现了什么?

小白 我发现在这些事件中,对攻击手段的表述都比较明确,比如 APT 攻击、木马病毒、勒索病毒、蠕虫病毒、僵尸网络等,但是在介绍如何防御时却有很多的陌生名词。

大东 那你听说了哪些呢?

小白 比如防火墙、IDS(入侵检测系统)、IPS(入侵防御系统)、零信任、NTA(网络威胁检测)……几乎每一个词我都要去查,也会有很多专业的介绍,感觉它们确实可以解决当时的攻击问题,但是看到下一篇又会有新的名词出现,就感觉特别繁杂,抓不住重点。

大东 小白你说的问题确实很有价值,也经常听到其他同学有类似的反馈,因此我打算对防御下一些定义,进行一下科普。

小白 太好了!那都有哪些定义呢?我一定好好学习一下。

大东 我把它概括为网络安全"八个打"。

小白 巴格达?伊拉克首都吗?为什么叫巴格达呢?因为是网络安全的中心地带吗?就像"双奥之城"是北京一样,网络安全防御的中心叫"巴格达"?

大东 不是,是"八个打",比如打补丁、打地鼠、打苍蝇、打疫苗……

小白 哦!"打打打打打打打打"。东哥,网络安全防御是怎么和"八个打"联系的呢,又是哪"八个打"呢?

大东 哈哈!别急,先从网络安全防御说起吧。

小白 好,小本本已经准备好了。

No.2 话说防御

大东 防御体系可分为基础防御和先进防御两部分。基础防御部分可以分为"打补丁""打苍蝇""打地鼠""打疫苗",而先进防御部分可以分为"打埋伏""打边鼓""打游击""打太极"。

小白 基础防御和先进防御是如何区分的呢?

大东 在网络安全中,对立的两方通常分别叫作攻击方和防御方。

小白 是不是也可以叫作攻击方和被攻击方呢?

大东 你这样说也对。被攻击方经常会采取一些措施来减少或避免攻击,这时就有了防御。

小白 就是防守嘛。

大东 常规的防御就是防守,是基于你现在的城墙、现在的守备撑住,不被攻陷,避免伤亡,关键在于城池固若金汤,这是我所说的基础防御的概念。比如说墨子守城时,无论公输班如何攻击,都能牢牢防守住。

小白　是不是就像足球守门员，无论你进攻多么猛烈，我只要守住我这个门就可以了。

大东　小白理解得很对，就是这个意思。

小白　那基础防御的"打补丁""打苍蝇""打地鼠""打疫苗"是指的什么呢？

No.3 大话"巴格达"（上）

"打补丁"

"打补丁"

大东　首先说"打补丁"。你看你穿的乞丐裤，现在的年轻人把它当作潮流，放在以前，讲究的人家，会用补丁将破损的地方缝补起来。

小白　我之前在网上看到过类似的事情，还以为是段子呢，说是一个人穿着乞丐裤回家，然后裤子的破洞被奶奶给用补丁缝起来了。

大东　将衣服漏洞用补丁缝起来可以延长衣服的寿命，所以常言道,"缝缝补补又三年"。

小白 "打补丁"这个说法后来也被用在了网络安全领域。

大东 是的,看来你知道的还挺多,那你说说看,在网络安全领域,"打补丁"是什么意思呢?

小白 在网络安全领域,在软件或者系统使用过程中,当软件或系统暴露出缺陷或者漏洞时,开发者会再编写一个程序使之完善,将有漏洞或缺陷的地方补上,这就是所谓的"打补丁"。

大东 你说得没错。在很多的网络安全攻击事件中,攻击者通常会利用软件或者系统中的漏洞来进行攻击,比如 2021 年 Log4j 的漏洞。根据国外知名网络安全公司 Check Point Research(CPR)发布的一份报告,在 Log4j 的漏洞被披露后,每小时有数百万次试图利用 Log4j 的漏洞发起的网络攻击。

小白 真的太可怕了!

大东 面对漏洞,通常的防御方式就是通过"打补丁"来进行完善。

"打苍蝇"

"打苍蝇"

10 网络安全"八个打"(上)

小白 "打补丁"真的是形象又贴切,那么什么是"打苍蝇"呢?

大东 你喜欢苍蝇吗?

小白 不喜欢。夏天它嗡嗡嗡地到处飞,真的很烦人,而且总感觉苍蝇消灭不了,无孔不入的,特别讨厌。

大东 因为与苍蝇相同,黑客也是不能完全被消灭的。"打苍蝇"就是针对长期活跃的 APT 组织或黑客的攻击行为进行防御。

小白 这时怎样进行防御呢?

大东 "打苍蝇"比起"打补丁",已经不再只关注系统本身的漏洞,而是将关注点转移到面向黑客行为的防御。

小白 面向黑客和 APT ?

大东 就像我国古代中原地区的人们,面对游兵铁骑,不堪其扰,于是皇帝下令修建了万里长城。

小白 万里长城是网络安全里面的防火墙吧,类似于纱窗,但其实还是会有苍蝇进入。

大东 你说得对,一层纱窗防不住,那么多加几层呢?

小白 一层纱窗往往可以防住一批,再来一层又能防住一批了。

大东 正如你所说的,最常见的防御手段比如防火墙,能够防住一部分黑客,但是也有一定概率让黑客进入,那么就多来几层,又能抵御一些。

小白 网络安全领域有这种方式吗?

大东 纵深防御就是这种防御方式,通过多层防御提高防御能力。在网络安全领域,主要通过防火墙和查杀手段的联合建立起"打苍蝇"的防御机制。

小白　查杀？就是大不了苍蝇进来后我用苍蝇拍或者灭蝇药杀死它。那"打地鼠"又是什么呢？

"打地鼠"

"打地鼠"

大东　不知道你玩没玩过打地鼠的游戏，地鼠会从一个个地洞中突然探出一个脑袋，或者一双眼睛……

小白　玩过玩过，冒一个砸一个，冒两个砸一双，力求一砸一个准，很考验反应能力。

大东　网络安全防御就像一个永无休止的"打地鼠"问题，防御者想出了一种应对攻击的防御方法，但是攻击者又会从其他地方进行攻击。

小白　这个"打地鼠"我真的深有体会，我经常关注网络安全事件，就发现 APT 攻击、木马病毒、僵尸网络、蠕虫病毒、勒索病毒等攻击手段层出不穷。

大东　你之前说基础防御就像守门员的工作，这个"打地鼠"更

10 网络安全"八个打"(上)

是如此,对方想方设法地进球,守门员则想方设法地拦住。

小白 嗯嗯,我明白了,那"打疫苗"是什么意思呢?

"打疫苗"

"打疫苗"

大东 生活中,为了预防流感,人们经常通过打流感疫苗的方式生成抗体获得免疫。

小白 小时候真的没少打疫苗——乙肝、乙脑、卡介苗。打疫苗真的是至关重要,像新冠病毒疫苗,会对病毒具有很好的防范作用。

大东 作为一种生物免疫方式,打疫苗已经成为预防一些疾病的重要手段。

小白 其实很多领域会借鉴生物学的概念,比如神经网络在计算机领域用于信息处理,那在网络安全领域,是如何利用生物免疫原理的呢?

大东 业界试图用生物免疫模型来保护数据和系统,这样可以借鉴人类免疫反应和疫苗模型来加强对网络的防护。

小白 像人体使用抗体及免疫机制对外来病毒做出反应？那放到网络安全中，是如何防御的呢？

大东 比如类免疫动态安全框架中，除了传统防御，还可以通过不断地对抗学习，形成"网络疫苗"，在黑客攻击时快速地检测感知，实时发现网络安全异常。面对病毒威胁，通过"打疫苗"获得抗体，在病毒攻击时就可以产生有效防御。

No.4 大话始末

小白 "打补丁""打苍蝇""打地鼠"都是基于传统的封堵查杀，感觉这些时候系统的防御有种固守城池的意思，一直处于被动的防御状态，就怕防不胜防，怕我还没做好准备敌人就来了。而"打疫苗"能为相应的防御工作奠定基础，一定程度上让系统的防御能力更强了。

大东 但是"打疫苗"无法防御新型的漏洞。无论是"打疫苗"，还是"打补丁""打苍蝇""打地鼠"都属于基础防御。

小白 有没有更先进的防御呢？

大东 有啊，还有"打埋伏""打边鼓""打游击""打太极"。

小白 它们的先进性体现在哪里呢？

大东 面对未知的网络安全威胁与挑战，关键在于如何打破基础防御的被动局面，掌握防御的主动权。估计我说得太多了你都吸收不了了，我下节课再给你介绍吧。

小白 好的呀，期待下节课。

网络安全"八个打"(下)

No.1 小白剧场

小白　东哥东哥,你上次给我讲完基础防御之后,我一直在思考先进防御会是什么样的。

大东　那你有答案了吗?

小白　我这两天偶然间看到了一个叫作网络安全网格架构的概念。

大东　Gartner 的网络安全网格架构被列入了 2022 年网络安全主要趋势。

小白　对对对,东哥,你也看到了?

大东　是啊!网络安全网格架构可以实现在分布式策略执行架构中实行集中策略编排和决策,用于实现可扩展、灵活和可靠的网络安全控制,能够将复杂的网络简单化。

小白　东哥,我有一个疑问,现在网络安全越来越受到重视,企业都加大了安全工具的部署,那网络安全网格架构有什么特别的吗?

大东　网络安全网格架构使得任何人在任何时间无论位于何处都能够安全地访问和使用任务数字资产。和传统的、基于边界的网络安全架构通过防火墙、WAF(网络应用防火墙)、IPS(入侵防御系统）等对企业网络边界进行重重防护不同，网络安全网格架构允许身份成为安全边界。

小白 以身份为边界……感觉好像零信任网络啊？

大东 网络安全网格架构本身确实是一种零信任网络。小白，你回顾一下零信任是啥。

小白 零信任的策略就是不相信任何人/事/物嘛，始终进行验证。东哥，难道网络安全网格架构就是你说的先进防御吗？

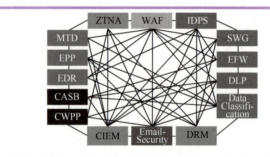

ZTNA：零信任网络访问；WAF：Web 应用防火墙；IDPS：入侵检测和防御系统；SWG：安全 Web 网关；EFW：嵌入式防火墙；DLP：数据泄露防护；Data Classification：数据分级；DRM：数字权限管理；Email-Security：邮件安全；CIEM：云基础设施权限管理；CWPP：云工作负载保护平台；CASB：云访问安全代理；EDR：端点检查与响应；EPP：终端保护平台；MTD：移动威胁防御

Gartner 网络安全网格架构

No.2 话说防御

大东 之前检测和响应网络安全事件时，企业需要协调十几个工具，可能设备升级时也都需要不断管理和重新配置，而网络安全网格架构是将原先的网络安全防御能力进行了集成。

11　网络安全"八个打"（下）

小白　就像搭积木一样，通过某种规则，将各个积木搭接起来。

大东　比如：传统的防火墙专注于防御边界，就好比通过城墙将攻击者尽可能挡在外面；而传统的威胁检测就好比哨位，哨兵看到异常只会吹哨，攻击者一旦攻入，内部基本畅通无阻。网络安全网格架构则为每个终端配备了守卫，整个防御体系相对更完整。这些技术综合起来可能只能应对我努力挡住你来，我知道你来了，但是我只能想怎么防的办法的场景，属于被动防御。

小白　那应该怎么办呢？目前的网络攻击中，勒索病毒和供应链攻击事件频频出现，网络安全防御也越来越得到重视，但是防火墙也好，网络安全网格架构也好，面对攻击，最终也还是没有办法。东哥，那先进防御是不是可以解决这些问题呢？你快给我说说先进防御是怎么回事吧！

大东　先进防御呢，通俗地说，就是面对攻击者主动防御，比如以逸待劳、欲擒故纵、关门捉贼！

小白　哇，三十六计啊！听起来感觉立马提升了一个段位，不再疲于应对，而是好整以暇，任你风起云涌，我自胸中有竹。东哥，那放在网络安全领域是怎样的呢？

大东　比如，黑客可以利用漏洞进行攻击，那我们也可以利用漏洞分析黑客的利用机理和攻击路径。

小白　还可以这样操作吗？找到攻击路径和分析出来利用机理后有什么用呢？

大东　就可以对黑客所利用的以为脆弱的地方进行重新设计、改造，让其具备发现、抑制、调控、消除由自身安全脆弱性造成的安全威胁的能力。

小白 哇，这是"碟中谍"啊！东哥，你将基础防御分为了"打补丁""打苍蝇""打地鼠""打疫苗"，那先进防御呢？

大东 先进防御可以先从"打埋伏""打边鼓""打游击""打太极"着手理解。

小白 东哥，"打埋伏"是什么原理呢？

No.3 大话"巴格达"（下）

"打埋伏"

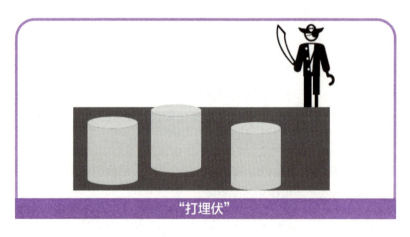

"打埋伏"

大东 "打埋伏"啊，正如字面上的意思，在敌人到来之前做好陷阱。

11 网络安全"八个打"(下)

小白 那么,这个陷阱怎么做呢?

大东 你想想之前看过的电视剧里如果想伏击一队人马,方法是什么呢?

小白 呃……在月黑风高的时候,在对方必经之路上拉个绊马绳或者弄个网,要不就是弄个坑,然后自己埋伏起来,利用上述手段先把对方困住,再出其不意,出奇制胜。

大东 你还记得《一年一度喜剧大赛》吗?尤其是《先生请出山》《水煮三结义》等陷阱喜剧,以鬼魅的舞步和陷阱元素,看似在表演"桃园三结义"和"三顾茅庐"的桥段,实则让观众在无厘头的"打岔"中频频"中计",收获了意想不到的喜剧"笑果"。

小白 那在网络安全领域要如何使用呢?

大东 "守而必固者,守其所不攻也。"网络安全的"打埋伏"呢,就是基于攻击者只关注如何利用漏洞进行攻击的盲区,针对攻击者攻击的关键路径做安全增强,在原有的大基础设施中有机部署陷阱集,可使攻击者掉入陷阱。

小白 现在有这样的防御了吗?听起来耳目一新啊!

大东 我说的这个叫陷阱漏洞。

小白 攻击者落入陷阱之后呢,就可以把他抓住了吗?

大东 陷阱漏洞中除了部署陷阱,也会在系统中内置检测、溯源、拒止的安全机制,这样一来,当攻击者落入陷阱后,可以对攻击源头进行追溯,并对攻击行为进行取证,威慑攻击者。

小白 哇,太强大了吧!这样就可以让攻击者们在发起攻击前掂量掂量,三思而后行。

大东　没错,"打埋伏"突破了传统的防御模式,变被动为主动了。

小白　"打埋伏"我理解了。东哥,打鼓我知道,"打边鼓"又是什么呢?

"打边鼓"

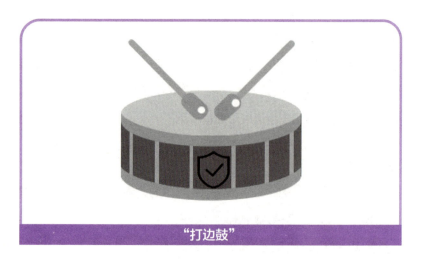

"打边鼓"

大东　鲁迅在《集外集》的序言中用过这个词,他是这么说的:"只因为那时诗坛寂寞,所以打打边鼓,凑些热闹。"后来"打边鼓"也表示从旁鼓吹、协助,或者从侧面行事。

小白　怎么侧面行事呢?

大东　声东击西,围魏救赵,一纸救江东,想方设法让攻击者远离真正的目标。"能使敌人自至者,利之也;能使敌人不得至者,害之也。"

11 网络安全"八个打"(下)

小白 你是想说如果想让攻击者转向其他目标,需要其他方向有利可图,至少要让攻击者是这样认为的,然后还可以在原来的方向上进行阻碍。这让我想起来《植物大战僵尸》中有一种魅惑菇,可以让僵尸吃下后就以为后面来袭的僵尸是对手,会掉头往回走。

大东 在网络安全领域,也有这样一种方式,可以使用误导和其他技巧诱使攻击者远离真实目标,并将其引向其他诱骗系统,增加攻击者攻击的难度和成本。

小白 是什么方式呢?

大东 欺骗式防御。

小白 蜜罐吗?

大东 欺骗式防御不等同于传统的蜜罐,欺骗式防御会更关注混淆和伪装,比如,将诱骗系统伪装成真实系统的样子,放置到攻击者期望看到的网络场景和设备类型中。

小白 诱骗系统被放到攻击者期望看到的设备中,这样攻击者就会转头攻击诱骗系统了。而真正有价值的目标伪装了起来,这样通过混淆和伪装,攻击者分不清楚哪个是真实目标,也会增加攻击的难度。

大东 是,这就是《孙子兵法》中所说的,"善守者,敌不知其所攻"。能起到这种效果的防御手段,典型的如 2011 年业界提出的"移动目标防御"(Moving Target Defense,MTD)。

小白 移动目标防御?

大东 移动目标防御主要包括系统随机化、网络随机化(如蜜点)等。它指的是通过部署和运行不确定、随机的网络与系统,让攻击者无法判断哪个是真实目标。

小白 这种不确定、随机的设置，同样起到了迷惑的效果，就可以让攻击者无法继续探索。

大东 但是这种防御手段还远远不够。移动目标防御虽然能增加攻击者寻找目标的难度，但是如果攻击者没有落入陷阱，同时偶然间发现了真实目标，"打埋伏"和"打边鼓"的效果就可能会打折扣。如何才能有效防御呢？

小白 如果"打埋伏"和"打边鼓"失效了，那么要怎么防御呢？东哥快别卖关子了！

"打游击"

"打游击"

大东 你看过《铁道游击队》和《飞虎队》，或者《敌后武工队》和《地道战》吗？

小白 看过，敌进我退，敌驻我扰，敌疲我打，敌退我追，变化多端，真的太精彩了。

11 网络安全"八个打"(下)

大东 这也是"打游击"的特点。在网络安全领域,攻防双方的博弈常常被称为永无休止的猫鼠游戏。面对无时无刻不伺机而动的攻击者,"打埋伏"和"打边鼓"会对攻击进行消耗,有一定的阻碍,攻击者一般不易发现。但若是时间久了也会有暴露的风险,攻击者会发现与他们最初的攻击目的相悖。而"打游击"的前提也是变化。

小白 我之前在网络上看到有一个黄金标准框架(Community Gold Standard,CGS)。按照逻辑,它将人们对基础设施的系统性理解和管理能力、通过协同工作来保护组织安全的能力和检测能力整合在了一起。

大东 该框架主要是指导性的,多样化的基础设施不只是安全能力的多样化,防御系统的基础设施也要多样化,更重要的一点是,还需要"致人而不致于人"。

小白 如何才能达到"致人而不致于人"呢?

大东 网络安全要发扬"两弹一星"的科研精神。

小白 我明白了。东哥,那"打太极"是什么呢?

"打太极"

大东 太极讲究以柔克刚,动中有静、静中有动,虚中有实、实中有虚,刚中有柔、柔中有刚。面对未知的网络安全风险与挑战,没有一种防御方法可以一劳永逸地抵挡所有攻击。

小白 的确,没有完美的攻击,也没有一劳永逸的防守,攻防也是魔道相长的过程。

大东 我们常说,网络安全是一个伴生领域,随着计算机技术、

AI 的发展，攻击手段层出不穷，防御技术也会不断革新。未来更多的是以未知应对未知的新型攻防博弈。

"打太极"

小白 每每听闻勒索病毒、供应链攻击事件，着实会害怕。面对与日俱增且五花八门的攻击，我们既要做好严阵以待的准备，也要有能让攻击者无法攻破的力量和方法。

大东 《孙子兵法》中说，"善守者，藏于九地之下"。

小白 这是要隐藏自己，迷惑攻击者吗？

大东 它的意思是，通过隐藏自己，使攻击者迷失攻击方向，增加攻击的阻力，消耗攻击力量，从而降低攻击者的投入产出比。同时防御也应考虑"无恃其不来，恃吾有以待也；无恃其不攻，恃吾有所不可攻也"的目标。

小白 意思是我们的目标是依靠自己强大的实力让敌人不敢攻击，对其产生威慑？

大东 是的，通过进行主动性的防御对攻击者进行威慑。

11 网络安全"八个打"（下）

No.4 大话始末

小白 东哥，听你讲完"八个打"，我发现其实"八个打"不是一种分类方法，可能很多概念也没有囊括其中。

大东 "兵无常势，水无常形，能因敌变化而取胜者，谓之神。"网络攻击方法不是一成不变的，网络防御也是与日俱新，是在不断探索中发展的。"八个打"是从科学发展的视角，以向大众科普为出发点，提出、阐述的目前的网络安全分类及未来演进趋势，让读者更好地理解网络安全。

小白 我明白了，尽管现在是"八个打"，但是只有这种科普的概括，才能够达到抛砖引玉的目的，才能更好地促进网络空间安全学科的发展。

大东 你说得没错，推荐你读读瓦萨里的《艺苑名人传》。

小白 东哥，我突然有了想法，我想出了网络不要"五个打"。

大东 哪"五个打"呢？

小白 "打吊瓶""打饱嗝""打酱油""打喷嚏""打呼噜"。

大东 倒是可以考虑出个番外讨论一下了，哈哈！

配套资源验证码 240033

12 一份体检报告引发的思考
——数字指标化和指标数字化

No.1 小白剧场

大东 小白，你在看啥？

小白 唉，在看体检报告。

大东 有啥异常吗？

小白 倒是都正常，我只是看到里面的好多指标的时候在想，现代医学产生之前也有这么多指标吗？这些指标现在已经成为大家评判自身健康与否的重要风向标，那它们是怎么约定俗成的呢？

大东 你的科研思考能力日益增强，值得表扬。

小白 你说这些指标和人的实际情况有何联系呢？

大东 专业医学领域我不清楚，但是表象和表征，这种方法论问题是相通的。

小白 何谓表象和表征？

大东 表象是客体对象不在主体面前呈现时，在主体观念中所保持的客体对象的形象和客体形象在主体观念中复现的过程；而表征是信息的呈现方式，是信息记载或表达的方式，是能把某些实体或某类信息表达清楚的形式化系统，以及说明该系统如何行使其职能的若干规则。

小白 东哥，你该不会是要给我讲这个吧？网络安全领域的表象和表征是什么呢?

大东 小白学聪明了,今天我要讲的话题是数字指标化和指标数字化。

小白 好像绕口令啊!

大东 没错,这是一对相对的概念。数字指标化的目标,是弥补既有的评价指标连续性不强和需要拉长时间轴从战略宏观角度来思考问题的缺陷;而指标数字化的目标,是要将表象变为表征,通过指标化的手段直接从纷繁的数据中提炼出科学规律。而这些也是网安对号领导力模型有机性的重要体现。

No.2 话说数字指标化和指标数字化

数字指标化

小白 这俩概念都挺复杂的。东哥,你从数字指标化开讲吧,我先去拿个小板凳。

大东 嗯。首先我要问你,你知道数字化和信息化的区别吗?

小白 倒是没想过,这与数字指标化有关?

大东 当然啦!以信息化赋能制造业的过程为例,传统意义上的信息化,其本体是具备一套固定流程的,比如库存管理、进库、出库、库存备案、财务管理等,这些都是流程化的。

小白 这些原本都是人工工作的模式。

大东 没错。后来信息化的目的就是将员工的一部分劳动力解放出来，于是出现了SAP（思爱普）软件、ERP（企业资源计划）软件等信息化手段。信息化赋能制造业，就是利用软件等信息化工具将人工管理的形式根据具体的业务特点实现劳动生产效率的提高和员工劳动力的释放。

小白 确实，我们学校里用的OA（办公自动化）系统也极大地方便了学习和工作流程。

大东 正是如此。但是到了当前信息化和数字化交替的历史阶段，数字化对既有业务态势进行了全面整合和重构。比如，原来的信息化流程，是从最开始的人手动管理发展到人机协同期间沉淀下来的若干流程，但如果从数字化的思维去考虑，有些流程可能就要舍弃了，或者需要换成新的流程。

小白 那么，原来的指标体系岂非不再适用了？

大东 对。所以你看，数字化的核心目标正是根据迅速迭代的数字化业务目标需求，重新梳理信息化时代的流程，而重新梳理就意味着对既有评价指标体系的重塑——数字指标化，正是这个整体性、结构性、系统性推陈出新过程发展的最终形态。

小白 看来我理解得没错，那么在这个过程中，数字指标化的构建要注意哪些要素呢？

大东 数字指标化应该是继承信息化指标、发展信息化指标的过程，最关键的是如何利用数字化思维让数字化演进过程的指标更具科学性、安全性和适配性。当前，千行百业都在如火如荼地开展数字化转型，但由于既有指标体系是信息化时代的产物，因此在开展数字化客体对象分析的时候，面对的也往往是旧的流程和业务属性。

12　一份体检报告引发的思考 ——数字指标化和指标数字化

（小白）　方兴未艾的数字化理论体系也应考虑同步建设数字指标化体系。

（大东）　是的，因而千行百业在业务数字化重构过程中要提前谋划，以期构建适配数字化业务需求的评价指标。这是个一边重塑一边构建的动态过程，决定了数字化并非一成不变。此外，类比于网络安全领域的伴生概念，你可以理解为指标体系的建设在信息化时代也是伴随信息化过程而生的，但是在数字化重构的进程中，数字指标化体系的设计从旧有的伴生思维切换到原生思维，让指标体系的设计成为数字化进程的天然构成环节之一。

（小白）　明白了，东哥。

指标数字化

（小白）　东哥，你前面说的指标数字化的概念让我想起了数据挖掘。

（大东）　哦？说说看。

（小白）　学校里教数据挖掘的老师告诉我们，数据挖掘就是通过算法搜索隐藏于大量数据中的信息的过程，简而言之，是从海量数据里面得到有用知识的过程。那么，数据挖掘是不是就是你说的指标数字化呢？

（大东）　有点像，但是二者并不一样。小白你想一想，为什么叫数据挖掘而不叫数字挖掘呢？

（小白）　东哥，你这就给我绕晕了，数据和数字还要咬文嚼字啊？

（大东）　当然不是咬文嚼字。之所以叫数据挖掘，是因为数据的属

091

性和特征相较数字来说比较显性，或者说，数据是具有单一属性的数字，它是在特定行业、产业或应用过程中产生的含有信息的数字或数字集合。

小白 确实如此。

大东 数字则包罗万象，你在襁褓之中牙牙学语时就开始接触数字了，对吧？数字是展现大自然中真实存在的事物的符号，也是表征数量的具体形式，一切都可以数字化，这也解释了为什么当前"数字孪生"是科技领域的前沿热点。

小白 理解了。

大东 除了数字孪生以外，像现在的高新技术，包括元宇宙、区块链、数字货币、Web 3.0、算力网络等，都是以数字为基础的技术形态。

小白 指标数字化也是如此？

大东 是的。像你刚才看的体检报告中的血压值就是表象，如果高压值突破了 140（单位为毫米汞柱，下文略），也就是高血压的临界点，就需要注意相关健康问题，这就是表征。

小白 嗯，这下我明白了表象和表征的意思。

大东 医学体系也定义了其他很多指标的范围，比如血糖、甘油三酯、总胆固醇的值等，这些表征化的指标有所波动，一般意味着健康情况出现了变化。

小白 唉，那我得多研究一下这些指标，从而掌握健康情况。

大东 但是小白，如果血压为 140 就一定代表身体不健康了吗？

小白 好像也不是吧？

12　一份体检报告引发的思考——数字指标化和指标数字化

大东　其实140的高压有时并不意味着不健康。人体的健康状况是综合分析各项指标后得出的，并不能由单一指标决定，就像尿酸高也不一定就说明患有痛风。医学定义了这些数字指标的范围，是供人们参考的，也是对身体健康情况的一种预警。

小白　是的，我去中医院看颈椎病，大夫就不会看我想拿给他看的体检报告，而是问我哪里不舒服，怎么不舒服。

大东　其实中医的望、闻、问、切，也是从你的症状表象里面提炼健康要素表征的过程，只不过，这需要长期的经验积累才能实现，而不是像指标数字化那样一目了然。

小白　嗯嗯。

大东　医学定义了血压这个数字指标，并用高压和低压定义了该指标的范围以开展精准监控，当各项指标都被提出、优化、完善，就成为大家的共识，所以有人看到高压140就会担忧。

小白　这样看来，我也不需要过于担心了。

大东　医学是为普罗大众服务的，其给出的标准定义需要普罗大众取得共识，比如，如果你血压高，就去寻求降血压的方法，早睡早起，吃降压药。至于为什么要吃药，很多人也不太关心，大家只要知道吃完就没毛病了即可。久而久之，吃降压药就成为高血压患者的"刚需"了。

小白　这些都是医学领域的，指标数字化有没有一些互联网领域的应用场景例子？

大东　比如，你"摸鱼"看直播的时候，考虑过短视频平台针对直播业务的指标数字化设计吗？

小白 有啊！我看的时间越长，我就越沉迷，平台自然会认为当前直播更有商业价值。

大东 没错，还有一个指标是直播留客率，比如 100 个观众里面有多少人下单，实现内容导流和转化。这些指标原来是没有的。

小白 那肯定，10 年以前这种直播平台根本就不存在。

大东 是的，当出现了直播业务这一数字化场景的时候，就会有相应的指标对直播的质量进行考量和评判，这正是指标数字化对数字经济发展的重要意义。

小白 哦？

大东 因为指标数字化会赋能千行百业的数字经济发展。比如，我们通常说的"建设世界一流央企（中央企业）"，那怎样算是一流？又要达到哪些门槛才能算世界一流？再比如，2021 年国际奥林匹克委员会提出了"更快、更高、更强、更团结"的口号，那么什么才是更快，怎样的竞技表现算是更团结？只有设计了指标，才能实现以上由定性判断到定量评价的升级。

小白 东哥，我有预感，按照以往的"剧情"发展，你可能又要扣题了。

大东 这都被你发现了？！其实，我想说的是，对于网络安全行业，也要建立数字指标化和指标数字化的体系。

小白 这是为什么呢？

大东 还记得我之前讲的数字安全韧性建设吧？

小白 当然记得，就是从"一"到"九"的那个巨大的对号，对吗？

12 一份体检报告引发的思考——数字指标化和指标数字化

大东 没错。对于有数字安全韧性建设需求的企业,尤其是产业链里的重要企业而言,它们非常需要一套专业指标数字化体系。

小白 这个怎么讲?

大东 你想啊,国资央企等头部企业,是不是涵盖了关乎国民经济命脉的各个重点行业?它们自身有业务专攻,比如国家电网就是电力行业的龙头,中国移动就是通信行业的央企,它们在自己的业务范围内当然是技压群芳、一骑绝尘的存在,但是在数字安全韧性建设方面,同样也需要提早进行战略布局。

小白 那很正常,谁也不是十项全能。

大东 嗯,所以企业的数字安全韧性建设同样需要"体检",通过专业的数字安全韧性评价体系得出一份极具借鉴和指导意义的"体检报告"。

小白 网络安全战略研究这项细分领域的应用,是不是就可以助力企业构建网络安全领域的领导力?

大东 是啊,如果构建起了以指标数字化和数字指标化为核心特征的统一多元数字安全韧性评价体系,企业就能够集中优势资源,聚精会神地发展核心业务,进而更好地为新发展格局贡献自己的力量,为数字中国建设扛起使命担当。

小白 由此说来,指标数字化和数字指标化在数字安全韧性建设领域大有可为啊!

No.3 大话始末

大东　小白，你知道劳伦斯奖吗？

小白　劳伦斯奖全称为劳伦斯世界体育奖，是颁给各体育竞技领域顶尖运动员的。

大东　是的，但是在具体评奖的时候，是颁给纳达尔还是梅西或者樊振东，这就是个挺令人头疼的事儿，因为这些不同赛道的候选运动员都是各自垂直领域里的翘楚，各有各的卓越之处，这个时候就需要统一指标，比如需要获得大满贯，但是乒乓球领域的大满贯中国运动员很多，这个时候又要通过设计指标来进一步筛选，比如经济价值、知名度等。通过劳伦斯奖你会发现，科学地设计指标体系绝对是个技术活。

小白　还真的是门绝活啊！那东哥，指标数字化和数字指标化的核心是什么？

大东　其实是服务。云计算领域的 SaaS（软件即服务）等概念，都是围绕服务展开的，这也预示着，数字安全领域的发展趋势就是更加体贴到位的服务。

小白　那么，如何理解指标数字化和数字指标化代表着这一趋势呢？

大东　你想想看，指标数字化和数字指标化是给谁看的？

小白　我理解应该是企业经营负责人。

大东　没错，其实指标数字化和数字指标化是为了更好地服务决策人员而设计的。回到数据挖掘的概念，数据挖掘过程有定义问题，

12 一份体检报告引发的思考——数字指标化和指标数字化

建立数据挖掘库、清洗、预处理、分析数据、准备数据、建立模型、评价模型、实施等子步骤。但是，其实决策人员不需要看这些步骤，而需要的是一个可视化、可度量的数字指标化，烦琐的中间步骤是可以交给专业团队去做的。

（小白）看来，指标数字化和数字指标化可以作为数字安全韧性评价体系目标建设的牵引抓手！

（大东）当前，网络安全向数字安全不断外延，数字安全面临严峻挑战，网络安全形势复杂严峻。我们应积极探索基于数字指标化和指标数字化的、大领跑型思维的统一多元数字中国安全韧性体系。

（小白）这么说，以后的"东话优选"网络安全事件群的科普文章也应该有这方面的解读吧？

（大东）是的。你看下面这张图就是"东话优选"之网安对号领导力模型的九宫格，它结合数字中国发展的新形势，做了体系性萃取，形成了数字指标化能力，并针对这些指标做了对应性的数字化原生设计。后面，"东话优选"也会在从"大东话安全"系列网络安全事件中萃取事件群后，优选提炼出12种网络安全典型模式，从经、纬、谱三个角度开展详细解读。

网安对号领导力模型九宫格

No.4 小白内心说

小白 这节课是从我的体检报告引发的思考,没想到体检报告和劳伦斯奖里面也蕴含着这么大的学问,真是处处留心皆学问。"东话优选"的12种网络安全典型模式让我想起了电影鉴赏界的《第10放映室》,对这些模式的解读是不是其实就是网络空间安全学科的导读呢?

第 2 篇

光影编织：
在数字迷宫中舞动的策略与智慧

数字安全锦囊

No.1 白话数字安全

大东：提问时间到。小白，数字安全屏障能力该如何强化呢？

小白：这个确实没想过。

大东：首先，得了解数字安全的技术内涵；其次，需清楚数字中国的涵盖范畴；最后，还要结合数字中国建设的协同规划，真正把能力强化落实到位。

小白：思来想去头绪很多，但是又不知该从何处着手做起，有没有锦囊妙计呢？

大东：还记得我们在《Black out—— 网络安全"一个事"》里讲过的内容吗？

小白：网络安全事件无法消除，应该充分认可千变万化是永恒的客观事实；在此基础上，我们应建立对网络安全事件持续跟踪与分析的能力，从人、机、物、态四个象限做安全风险收敛。

大东：总结得非常到位，因此面向组织客体的网络安全事件分析观测基座的构建很有必要。

小白：那就要针对数字中国做经纬度及结点定义啊，这个该怎么规划和设计呢？

大东：这个需要娓娓道来，由于时间的原因，今天可以先聊聊与数字中国有关的网络安全事件集的经度。

小白 按我的理解,锦囊就是网络安全事件分析策略,这个应从战略、战备、战役三个层次出发。

No.2 数字安全之锦囊

小白 你刚才提到首先要了解数字安全的技术内涵,具体包括哪些呢?

大东 数字安全包括网络安全和数据安全,其实在咱们整理的历年数字安全事件中都有国家战略体系结构的映射。我们对这两个方面做了五年的数字安全事件整理,看看下表你就明白了。

五年数字安全事件整理

年份	事件	事件点评
2018	Intel 漏洞	芯片安全隐患浮出水面
2018	思科漏洞	关键基础设施受到攻击
2019	波音事故	本质安全挑战突出
2019	Google Play 被攻击	开源软件安全态势堪忧
2020	iOS 漏洞	潜伏期长达八年
2020	"新型冠状病毒"	钓鱼能力与时俱进
2021	"老裁缝"	激活工具被污染
2021	卫星互联网被攻击	黑客已经盯上太空安全赛道
2022	高校攻击	APT 攻击世人皆知
2022	羊了个羊	"洗脑游戏"代码逆向的新热点

续表

年份	事件	事件点评
2018	万豪泄密	个人隐私泄露重灾区
2018	GDPR：数据安全	数据安全成为未来的热点
2019	换脸 App ZAO 隐私安全	AI 新生安全防护提上日程
2019	Wi-Fi 探针	身边的数据泄露隐患
2020	微盟数据安全	内部人员恶意删库
2020	视频安全	数据泄露花样繁多
2021	航空公司泄密	航空隐私保护关系重大
2021	健康宝明星照片泄露	用户隐私泄露的新入口
2022	窃听	攻击新形势
2022	Google 围栏	位置隐私领域的"画地为牢"

小白 果然，通过梳理五年数字安全事件的脉络，确实有些启示，但具体到着手对数字安全宏观韧性建设进行布局，要如何做呢？

大东 其实数字安全宏观韧性建设可从指标、人才和平台着眼。

小白 搬小板凳学习！

战略锦囊

大东 我们先从战略说起。数字安全宏观韧性建设的战略布局，应坚持"大领跑型思维"，主动谋划、超前布局，努力达成我国数字安全韧性从"并跑"到"领跑"的实质性跃变目标。

小白 既然领跑，得有排名规则吧？

大东 是的，所以应该在网络安全事件梳理与分析的基础上有针对性地"知己"，可以建立一套面向数字中国的数字安全韧性评价体系，针对不同的组织单元，以周期性指数评估排名，锻造长板、补齐短板。

小白 这个在数字指标化那节课讲过，类似于我国现行的 GDP（国内生产总值）、CPI（消费价格指数）等经济指数方式。

大东 是的，建立了数字指标化和指标数字化的评估范式，就可以充分发挥我国的新型举国体制，有力推动数字中国网络安全的建设。

小白 嗯嗯，因此，我们今天讲的战略就是以数字安全韧性为分析对象，开展数字指标化和指标数字化的统一度量体系的建设。有兴趣的读者可以回顾《一份体检报告引发的思考——数字指标化和指标数字化》。

大东 光有指标不行，找准定位和差距后，还得进行人才建设，所以如何聚集专业人才、持续培养专业人才也需要提前谋划。

小白 我可以以一当百！

大东 只凭一腔热血还不够，应该因地制宜地考虑人才聚集机制。这个挑战需要通过宏观育人思路来积极应对，中国科学院联合教育部于 2012 年提出的"科教结合协同育人行动计划"，就是一种与时俱进的科教融合解决方式。针对数字安全，可从需求导向的科研任务与专业人才教育内容深度一体融合出发，优先选拔与聚集专业头部人才，进而建立多层次人才梯队，打通产、学、研人才生态循环的思路设计，最终实现数字中国人才梯队建设的源源不断、久久为功。

小白 有了指标和人才，干就完了。

大东 还需要有一套配套的平台。数字中国的数字技术创新体系意味着数字化转型是现在进行时，无论是数字政务还是千行百业的数字化转型，不可避免地都会对原有的业务体系重塑升级，而安全威胁是不等人的，网络安全挑战愈演愈烈。

小白 确实是两难。

大东 所以，可以结合组织单元的业务属性和技术特征，在考虑技术演进和业务迭代的前提下，尽快部署构建功能完备最小集的实验床，开展网络安全的先行先试工作。譬如，运营商可以构建5G/6G 实验平台，而物流公司可以搭建数字孪生物流试验平台，有针对性地开展安全测评和业务数字化优化工作。有了先试先行的平台，就可以将成本集约化，同时无论是指标评估还是人才实训都可以在平台做实践场景演训，三者实现有机融合。

小白 原来战略锦囊就是统一建设指标、锻造人才铁军、构建试验平台这三位一体的数字安全韧性建设要素的有机融合，我明白啦！

战备锦囊

小白 东哥，你快讲讲战备锦囊吧。

大东 我又要考考你了，小白，还记得"两个情"吗？

小白 这难不倒我，"两个情"是指"已知情报"和"未知情报"。它们将网络安全专业领域看似混沌的情报博弈世界还原为清晰的"二元"格局。

大东 对。情报可以让我们真正看清隐藏在事件背后的规律,因此情报工作的挑战在于知的能力,也就是发现的能力。其实类似于ChatGPT,这些"黑天鹅"都是不可预测的,如何实现"防患于未然"或者"防患于将然",可从安全风险场景提前智能推演的技术角度考虑。

小白 如何具备这种智能推演能力?

大东 网络安全对抗棋谱的作用就是探索将数字化场景业务要素提炼为研究对象,并通过 AI 将业务场景泛化,再将攻防事件棋谱化后做持续性对抗实验,从而提升数字安全韧性防护水平。比如,在金融业务场景下,可以对易受攻击的数字安全场景、赛道开展棋谱设计,有针对性地构建数字安全韧性的"孪生兄弟"——智能推演能力。

小白 这个棋谱真不错。重视情报获取能力的建设,才能窥知区域数字安全韧性发展的全貌,这的确是战备的重要环节。

大东 所以战备就是要精准定位、靶向探究,在国家视角下看各组织单元的数字安全韧性建设的全局,做好态势感知。首先要把握存量、摸清底牌,这种存量思维也是战备建设的第一步,它代表了一种对历史准确把握、科学溯源的思路。

小白 嗯嗯,看来战备锦囊就是做数字中国的网络攻防事件应急能力储备,只有从应急能力提升到应对能力,才能有力支撑产业链和供应链的安全韧性。

战役锦囊

小白 《三国演义》中的诸葛亮有三个锦囊,而我们这里还差一个战役锦囊。这千变万化的网络安全事件,一个锦囊够吗?

大东 还记得"三个科"吗?

小白 "三个科"是以时间维、空间维、学科维演进路线剖析为主要着眼点,总结既往,立足当下,展望未来,探究网络空间安全学科分科治学发展的前瞻性、方向性问题。

大东 对,战役锦囊即从"三个科"的科学角度来观测区域数字安全韧性建设的演进脉络、方向与趋势。"三个科"最终要收敛到 RITE 四个 O 的体系中找寻应对之策。

小白 也就是万无一失,实践是检验真理的唯一标准。无论是什么样的安全定制解决方案和多么先进的安全产品,最后还是要看"疗效",而这个"疗效"的好坏可以通过四个 O 的收敛效果来评估。

大东 没错。可以有针对性地构建 RITE 安全能力评估体系,把实时动态通过观测人、机、物、态四个象限做安全风险收敛,进而更好地赋能千行百业的数字化转型。

小白 明白了。那有实际的教学战役供人们学习吗?

大东 你说的就是战备锦囊中提到的网络安全对抗棋谱,也就是数字中国网络安全对抗棋谱,这个棋谱类似于经典残局,便于人们具象理解和掌握,它有九颗星。

小白 哇,我想学,快讲讲。

大东 有棋谱就应有棋盘,棋盘就是典型业务场景,譬如我们的这盘棋就是针对电信行业做的网络安全对抗棋谱设计，因时间原因，留到以后再讲。

No.3 小白内心说

小白 我们可以再复习一下《Black out——网络安全"一个事"》中关于万花筒、钻探机、瞭望塔和金刚钻的比喻。万花筒让我们见识到安全事件的多样性，提醒我们以广阔的视角收集信息，全面测绘安全图景；钻探机则带我们深挖事件背后的演进逻辑，通过不懈地追踪分析，揭示隐藏的威胁和模式；瞭望塔让我们站在高处，不仅关注技术层面，更从宏观角度审视数字安全问题；金刚钻则是对关键事件进行深入剖析的工具，用于精准识别和应对威胁、挑战。原来它们是四把解决数字安全问题的钥匙啊！

数字安全妙计

> **No.1 统一多元与条分缕析**

大东 小白,我们上次在《数字安全锦囊》里面从战略、战备、战役三个方面针对区域数字安全韧性建设展开了分析,还记得吧?

小白 记得的东哥,上次是从宏观的角度来做的分析,也就是"经度"。这次是不是该"纬度"啦?

大东 你猜得没错,锦囊对应经度,妙计就对应纬度。经度侧重"统一",而纬度侧重"多元"。锦囊侧重涵盖多重数字安全应用场景,而妙计是对主要场景与范式的提炼和凝华。

小白 妙哉,统一多元数字安全韧性建设的两大要素都齐活了。那么这次会从哪个角度来阐述?

大东 如果统一是"条分",那么多元当然应该是"缕析"了。

小白 "条分"和"缕析"有哪些区别呢?

大东 你可以理解为,是从中观的颗粒度分析区域数字安全韧性建设。"纬度"可从网络安全事件分析的视角来看,自底向上的构建分别为万花筒、钻探机、金刚钻和瞭望塔。

小白 嗯嗯,笔记本已经准备好了,东哥。

大东 课前准备工作做得不错。

No.2 万花筒

大东　第一层次就是万花筒，聚焦的是广度。

小白　万花筒我知道，你常说，"大东话安全"和"东话优选"就是万花筒的一部分，对吗？

大东　是的，但是你想想"大东话安全"系列科普文章的特点在于什么呢？

小白　是网络安全事件吧。

大东　完全正确。网络安全事件发生以后，要第一时间围绕该事件的核心细节要素开展客观真实的收集，构建网络安全事件拼图，力图还原该事件的态势全景。

小白　但是面向数字中国做网络安全事件分析是一个极具广度的系统工程，要把这个工程搞好，需要八方聚力才行。

大东　是的，所以要全面获取网络安全事件和数据，集结政、产、学、研、金、服、用等各个领域的生态力量，将它们汇聚成数字中国安全的"广度"妙计。

小白　这么一说，让我想起了基于 RITE 的网安对号领导力模型里面提到的"九流"概念。但是东哥，汇聚起"九流"生态，万事俱备了，那么广度的目标是什么呢？

大东　可以从"快、准、全、智"这四个字来评估。

小白　具体是什么意思呢？

大东　别急，我们慢慢分析。其实"广度"妙计的要义就是在跟踪瞬息万变的网络安全事件的过程中，不断捕捉其演变的趋势，进而开展安全态势发展预测。譬如，未来的数字经济发展，将会面临AI安全问题，即AI与AI之间的攻击对抗，而这种攻击的数量会呈现指数级井喷。

小白　那太严重了，怎么办呢？

大东　可以站在全球的宏观视角，围绕不同的组织发展特征和重点建设，以网络安全事件为分析对象，锻造网络安全事件监测能力，因地制宜地构建新型网络安全事件应急响应能力。

小白　嗯嗯，"九流"生态都要参与进来。

大东　是的。可以依托国家战略科技力量做统筹组织，用刚才提到的"快、准、全、智"做目标能力建设。具体来说，"快"是指强化信息捕获能力，譬如发布漏洞信息后，可以在网络安全公司的邮件组内做信息跟踪与匹配。"准"是不断溯源威胁情报，找到初始源头，从而提高情报线索判定能力。"全"是指信息获取来源覆盖面广，涵盖国内外网络安全情报权重系数高的开源情报载体，并且实现消息源自增长能力。"智"是指在对特定目的和领域的内容进行爬取后，做进一步的开源情报内容结构化信息抽取、时间线梳理、热点筛选和阵地分级，提高辅助决策能力。

小白　这四个字，简直就是"广度"妙计的精髓啊！

No.3 钻探机

大东　过奖了小白。此外，数字安全韧性建设也注重深度，深度可以比作钻探机。

小白 这个如何理解？

大东 "深度"妙计要求我们从纵深方向抓住线索，建设数字安全事件分析报告体系和机制——对数字安全事件不能停留于表面，否则就是管中窥豹。但是要掌控全局，还需要对数字安全事件背后的产生动机、历史数字安全事件的关联等做全局推演，譬如，数字安全从业人员可以通过对勒索组织的跟踪发现，由于一个网络犯罪组织会不断作恶，因此会持续地产生安全事件，这个犯罪组织的代号或者攻击手法就应该作为数字安全事件分析的重点。

小白 这让我想起了针对软件供应链安全开展的研究，可以发现其门类也属于供应链安全，其评判标准也是快、准、全、智。但是如何把握研究的颗粒度呢？

大东 你提的问题很好。我们不妨换个场景来诠释，假如我们想开采石油，那么钻井要打到多深呢？

小白 那得根据油田的具体特征来看。

大东 没错。所以首先要勘探，获取油田的特征，再根据特征因地制宜地采取后续措施。针对数字安全事件的分析也是一样，从攻防的本质特征出发才能够把握钻探的深度，这个可以参考"七宗罪"和"八个打"。

小白 也就是第1篇的《网络安全"八个打"（上）》《网络安全"八个打"（下）》《网络安全"七宗罪"》。

大东 总之，"深度"妙计就是要结合业务场景特征做适度的准确钻探，譬如数字化转型场景，就可以面向产业数字化建立数字安全仿真实验验证平台，针对产业做数字孪生能力建设，从而可以做集约型的业务安全风险先行先试,开展有针对性的风险评估和预防,绝对不能乱打一气。

小白 确实如此。

No.4 金刚钻

大东 有了广度和深度,我们还要讲究精度,精度也可以比作金刚钻。

小白 对于精度,我们要从哪些方面来具体考量?

大东 随着数字经济的发展,应构建一套面向数字化的数字安全领域评价指标。还记得第 1 篇中的《网络安全之归零》吗?

小白 记得,里面讲到了基于 RITE 的网安对号领导力模型。莫不是我们的数字安全韧性建设也离不开零信任、零隐患、零事故和零损失?

大东 RITE 可作为统一多元数字安全韧性评价体系的基座。比如通过对所有已经发生的网络安全事件进行分析,面对网络安全风险,我们应着力于从应急响应向从容应对转变,从事先部署、事前防范、事中紧急控制、事后恢复处理四个层面将各类安全问题收敛归零。

小白 哦,有了 RITE 加持,数字安全韧性评价将更加精准。

大东 不错,理解深刻。

小白 那么,数字安全的"精度"妙计要实现哪些目标呢?

大东 这一层次要对历史上的数字安全事件做时空维度的对比

分析，对一些重点的数字安全事件做战略层面的分析，譬如"太阳风"事件是典型的软件供应链安全事件，我们根据这一特征向前溯源可以看到中兴、台积电等公司都发生过类似的安全事件。对数字安全事件发生频率做分析，可以发现数字安全事件发生的间隔越来越短，我们就可以预判出软件供应链安全应该重点研究，从而可研判出开源软件会成为攻击者考虑的犯罪温床。

小白 确实如此。

大东 "精度"妙计更应侧重于对业务的数字化场景做安全策略的精细化设计。譬如很多 APT 攻击有隐蔽性，犹如《清明上河图》，暗藏了各种细节线索，这就需要聚集一批复合型人才，采取大兵团联合作战方式，各组织结合自身基础，主动与国家战略科技力量联动，在将国家能力导入、赋能到地方数字安全体系的同时，为国家提供数字化业务的标杆研究样本，因地制宜地锻造行业长板。

小白 这就涉及一支数字安全铁军的锻造了。

大东 对的，所以"精度"妙计可以对应到"四个学"和"五个能"，也就是从专业学生的学习内容和能力需求层面，完成"深度"到"精度"的转变。

No.5 瞭望塔

小白 终于到了"高度"妙计了。那么，数字安全"高度"妙计有哪些呢？

大东 "高度"可以比作瞭望塔。建瞭望塔的目的是不断向前看，做前瞻指引。众所周知，数字经济发展速度之快、辐射范围之广、影响程度之深前所未有。不断做强、做优、做大我国数字经济，如果从安全保驾护航的角度考虑，则需要时刻把握科技快速发展的脉搏和方向。

小白 "九层之台，起于累土"，所以要想修个千寻之塔，也绝非易事。

大东 因此，瞭望塔的高度一定程度上取决于建在哪里。也就是说，要找地势高的地方打地基。地势就好比前沿技术，是在不断演化之中的，这就意味着数字安全从业人员也要与时俱进，不断寻找前沿科技领域的制高点，不断地修建瞭望塔，而不是"毕其功于一役"。

小白 没错，非可一蹴而就者。

大东 而建瞭望塔也必须高效，否则很容易被人赶超，因此要建立一套标准模式化的修建机制，才能有效、敏锐、持续地捕捉前沿科技的风向标和制高点。譬如，"信息高铁"就蕴含了具有具象化特征的科技创新机制模式，这就是我们之前讲的"六个看"，就是说要跳出网络安全看网络安全，这样才能有新视角、新输入、新思路。

小白 突然感觉"六个看"有点像参悟玄机，只有真正懂行的人在看出玄机时，才会产生"两眼发光、相见恨晚"的共鸣！

大东 哈哈，只可意会不可言传啊！

No.6 小白内心说

小白 　统一、多元，经度、纬度，条分、缕析，还能对应到 RITE 数字安全韧性领导力模型，对区域数字安全韧性建设赋能的拼图也愈加清晰。这节课介绍的数字安全妙计解读值得琢磨！不说啦，我要去补笔记啦，特别期待下次对区域数字安全韧性建设的深化赋能哦！

数字安全对抗棋谱

No.1 "谱写"安全

小白 书接上回。话说我们已经通过 RITE 数字安全韧性领导力模型向区域数字安全韧性建设献出了锦囊妙计，今天我们要讲的是——有请大东。

大东 你这转折有点突然。那我们今天要讲的就是"靠谱"，也就是数字安全对抗棋谱。

小白 听起来十分高深莫测哦！这个数字安全棋谱是怎样构造的呢？

大东 举个例子，围棋讲究"金角银边草肚皮"。对弈的时候，通常从"金角"入手，可以理解为围棋的"开局"。有的时候，棋下到一半，局面的扭转也可能在瞬息之间，这也是高手对弈的重要时机。

小白 明白，很多时候棋盘局面并非一片明朗，真正的高手往往是在下到一半时见真章。

大东 没错，这就跟数字安全韧性建设一样，既有存量不能忽视，新增变量更要审慎谋划，要在已经下的棋盘上做好布局。

小白 不得不说，高手就是高手啊！

大东 前面我们在《数字安全锦囊》《数字安全妙计》中分别讲

了"锦囊"和"妙计"。其中,"锦囊"是数字安全宏观建设理念,"妙计"是数字安全中观建设思路。而今天的"靠谱",则是数字安全的微观建设策略,即"见微知著"。高手都是"于细微处见功夫"的。

小白 嗯,那数字安全的"金角"是什么呢?

大东 既然是微观分析,就要有具体的分析对象,所以可把算力网络作为分析对象来进行阐述。因此"靠谱"就是围绕"算力网络"来讲数字安全棋谱。

小白 这个好啊!算力网络建设是当前数字安全建设的热点,也是数字建设的重要数字基础设施。我已经迫不及待啦!

No.2 望、闻、问、切

大东 别急着感慨,我先问问你,小白,你看过医生吗?

小白 当然啦!看病讲究个"望、闻、问、切"。"望"就是先观察病人的精神、仪态;"闻"就是先听病人陈述病情;"问"就是针对病情与病人开展交互;"切"就是通过各种医学方式检查和诊断,从细微的指标表征来更深入地掌握病情。

大东 是的。那你知不知道为什么要先"望、闻、问、切"呢?

小白 在我看来,"望、闻、问、切"可以分为两类,"望"和"闻"是可以不交互的,而"问"和"切"是立足于交互的,"望"/"闻"的结果和"问"/"切"的结果可以互相印证,进而能够深入细致地还原病情的本质。

大东 是的。"望、闻、问、切"其实是要透过现象看本质。医生需要的本质是尽可能接近病情的客观事实,既非病人口述的一面之词,也非医生的主观经验决断。

小白 没错,这是一个合格医生需要具备的素质。

大东 是的。那么算力网络的安全考虑也可借鉴"望、闻、问、切"的方法,分析对象时可遵循相应的分析原则和规律。

小白 这个能否解释一下?

大东 算力网络安全需要包含向下兼容的特征,围绕既有建设基本盘开展谋划布局,这就是"继承的眼光";也要涵盖上下游产业链的安全等,适配未来中长期内的建设规划和演进需求,这就是"外延的眼光";还要与时俱进、实时迭代,比如需要考虑 SDN(软件定义网络)等技术的演进变迁,这就是"发展的眼光"。

小白 算力网络安全是否也存在挑战呢?

大东 肯定是存在的。因为算力网络建设是一个动态的过程,而非静止的;同时安全事件不断涌现。这两个挑战贯串算力网络建设始终。

小白 明白。那么,如何应对这两个挑战呢?

大东 针对前者,可构建面向产业数字化的算力网络先行先试实验床,这样可以快速又集约地围绕千行百业数字化转型过程中衍生的安全问题,开展安全仿真验证,提升相应适配的安全防护水平;针对后者,可以以主动防御等先进安全理念为抓手,依托安全事件实时追踪分析,不断提升安全应急响应能力,防患于将然。

No.3 按方抓药

小白 这个时候就该按方抓药啦!

大东 有药方吗?

小白 这个……

大东 按方抓药的前提是得有药方。什么是药方?

小白 这个我知道。药方就是病例库积累沉淀下来的一种治病的药物配比模式。

大东 是的,确切地说,药方是通过千千万万病人的治疗方法总结出来的不同病症的药物治疗模式。仍以算力网络安全为例,算力网络安全之"方"可包括两个含义:第一,算力网络在互联网技术基础之上发展,因此既有互联网成熟的安全应对方式与方法就可以作为药方的存量考虑,是为"旧方";第二,"方"是以场景化形式沉淀下来的,比如以前没有新型冠状病毒,那怎么会有治疗该病的"方"呢?

小白 明白了。所以,可以通过实验床基于 AI 大模型对未发生的安全场景预先推演,这样就可以得到与时俱进的新"方",从而靶向聚焦病情,对症下药。

大东 正是如此,与时俱进,也就是增量。

小白 那么谁来抓药啊?

大东 当然是网络安全专家才能抓药。可以在先行先试的过程中依据千行百业数字化转型中出现的安全问题提炼出对应场景,而这些场景其实就好比给网络安全专家提供的"患者"。网络安全专家就可以凭借经验"配方抓药"。

No.4 与时俱进

大东　数字安全包罗万象,算力网络只是其中的一个具象技术领域,其所关联的技术交叉领域必然会很多,譬如物联网、大数据等,而对应的安全事件也层出不穷。我们原来讲过,安全事件是"一个事",它本身的规律就是不断地变化演进,因此要做好观测与分析。

小白　是不是把这些瞬息万变的安全事件通过安全场景化的形式做推演验证,就可以提升与时俱进的安全应急能力?

大东　正解!其实"大东话安全"以安全事件作为科普对象,在科普的过程中我们发现安全事件,同时也做了安全事件场景库积累,而随着这些安全事件场景库的不断沉淀,可以对其进行场景要素的共性提炼,也就是数字安全对抗棋谱。

No.5 按时服药

小白　这下该吃药了。

大东　确实。那小白你说说看,服药最重要的是什么?

小白　我认为是按时,早不得晚不得,时机最重要。

大东　是的,吃药的火候很关键。医生给你开了药方,也会告诉你吃药的触发条件或间隔,是一天三次啊,还是一天一次,饭前还是饭后等。我们要做到的就是遵医嘱。

小白　那么，算力网络安全的服药"火候"如何体现？

大东　我在前面讲"数字指标化"时提到过，建立数字指标化体系，可以类比血压检测，譬如，血压达到了一个临界值就要吃降压药，这个临界值就是指标度量。由于数字安全韧性建设要因地制宜地开展，区域不同，自然"火候"也会有差异；通过指标体系的动态变化就可得到区域数字安全建设特征情况的客观反映，进而更好地促进区域数字安全建设。

No.6 对弈再现

小白　好医开好药。上面已经提到处方了，那开处方的"上医"到哪里去找？这个"靠谱"的棋谱长啥样呢？

大东　我们可把建设者作为"棋手"，把实验环境作为"棋盘"，把分析对象（算力网络）和面临的挑战（安全问题）作为"棋子"，白棋即分析对象，黑棋即安全挑战。下图所示的棋谱即起手式，包含九个点位，其中六个点位是黑棋，三个点位是白棋。下图中的九个点位就是 RITE 数字安全韧性领导力模型的落位图。

小白　那么，如何进一步对弈呢？

大东　在此基础上，我们可以通过安全事件场景库对应相应的"棋局"设计，而通过在实验床上做先行先试推演的场景孪生演变，棋谱就可以做到千变万化。随着这些棋谱的不断演进和更新，就可以留下来很多有价值的经典对弈棋谱，譬如围棋界经常讲的"世纪之战"，而这些经典棋谱就可以更好地帮助安全管理设计者做好提前谋局设计,达到安全心中有数的目标。

小白　数字安全"靠谱"。

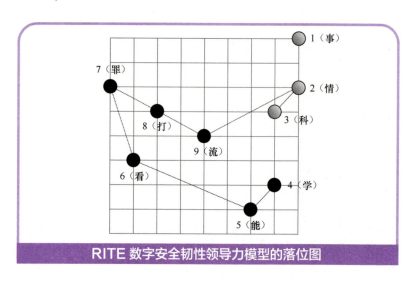

RITE 数字安全韧性领导力模型的落位图

No.7 小白内心说

小白　今天听完东哥的点拨,我发现数字安全对抗棋谱就是一个由厚变薄、再由薄变厚的过程。我们要先布局"金角银边草肚皮",回过头来,也要像大模型一样细大不捐地吸纳层出不穷的网络安全事件,这样才能实现精准把握数字安全演进脉络的目标。

16

全球志——应急响应锦囊

No.1 白话应急响应

大东　小白，少吹点空调。

小白　东哥，我也不想啊，关键是北京最近太热了。

大东　这倒是，连续的高温预警确实很罕见。

小白　是的，看到这个预警我马上取消了出游计划。

大东　你这个就是现实中的应急响应执行了，给你点赞。

小白　应急响应？

大东　没错。现实社会中，如果出现了高温这种气象状况，气象部门就要采取一系列措施，比如发布预警；其他部门也会配套出台一些政策，保障人民群众防暑降温工作的有序开展。那么问题来了，网络安全领域的应急响应你能举个例子吗？

小白　我想到的是 CIH 病毒，它在特定日期（通常是 4 月 26 日）会触发其破坏性负载，导致目标计算机上的数据和硬件受到损坏，以致那些年在这个日期大家只好不开机。

大东　是的，这属于网络安全应急响应范畴。

小白　那网络安全领域要如何更好地开展应急响应能力建设呢？是不是越早知道威胁情报越好？

大东　待会儿再回答这个问题。我首先问你，冬天的校园和夏天的校园是同一个校园吗?

小白 可以说是,也可以说不是。

大东 很好,你已经掌握了知识传递和知识变换的逻辑了。那么,你认为威胁情报的关键能力点有哪些呢?

小白 威胁情报建设主要考虑两个方面:一是能否适应经济全球化等历史浪潮,做到同步提升;二是能否促进数字经济等新兴经济领域的健康发展。那么东哥,从宏观能力来看,需要围绕哪些能力展开建设呢?

大东 主要是共享能力、先知能力和流转能力。

小白 呃……这几个概念具体何解?

大东 其实,我们可以把相关场景与WHO(世界卫生组织)的相应能力类比。流行病在全球暴发期间,有关情报都会汇总到WHO,而组织协调世界各国的有关医护资源需要建立统一快速的共享能力;WHO对流行病毒发出全球预警,则体现的是广源高效的先知能力;最后能把这些很好地调度起来就是动态有机流转能力。

小白 东哥,听你这么一说我就明白了,其实网络安全领域也应有类似WHO的组织吧?

大东 是的,比如中国的CERT(计算机应急响应小组)、亚太地区的APCERT(亚太地区应急响应合作组织)、全球的网络安全应急响应组织FIRST(国际事件响应与安全组织论坛)等,都会在木马病毒、僵尸网络、蠕虫病毒在全球网络肆虐的时候做出积极有效的网络应急响应。但是,随着APT等多种隐蔽性网络安全事件的日益加剧,各国威胁情报能力的进一步提升也需要做与时俱进的体系建设。

小白 东哥,我想起来了,前面介绍"两个情"时讲过类似的内容。现在网络威胁情报变化太快啦,而网络攻击是在虚拟世界发生的,上一秒的攻击可能到下一秒就出现了迁移和失效,我们确实需要在"两个情"基础上,开展先进的网络安全威胁情报能力建设。

大东 是的,我们探讨过这个观点,即要掌握威胁情报"变化"的核心特征,就要聚焦信息差,实现已知情报和未知情报的统一。从全球视角来看,要将应急响应转变为应对自如,就要围绕"预"这一科学目标从"三优"维度进行分析,即优势、优化、优先。

小白 东哥别卖关子了,赶快传授给我!

No.2 战略锦囊——优势

大东 还记得讲"两个情"时介绍过的内容吗?其实应急响应全球化能力建设的分析策略也是从战略、战备、战役三个层次出发。

小白 战略锦囊——优势具体是指什么呢?

大东 威胁情报优势主要是构建势能,势能这个东西你在物理课上学过,要有高度差才能构建。

小白 是的。站得高才能看得远,掌握情报才能做到更加全面地应对安全事件。

大东 因此,只有情报的知识获取源足够多、足够广,才能更多地捕捉瞬息万变的威胁情报,进而掌握先机。比如,对于来势汹汹的沙尘暴,由于我国在各省都拥有环境监测站的气象基础设施,所以就可以做到有效的气象预报研判。

小白 那么,网络安全该如何构建势能呢?

大东 这就需要我们回顾和梳理一下相关的典型安全事件,如下表所示。

典型安全事件

年份	事件	事件点评
2018	Intel 漏洞	芯片安全
2018	思科漏洞	APT 攻击方式
2019	新千年虫	老问题仍出现
2020	iOS 漏洞	潜伏期长达八年
2020	Windows XP 源码泄露	代码公开的潜在安全隐患
2022	新年虫	新瓶装旧酒却仍有杀伤力

小白 这张表有点眼熟。在前面的《数字安全锦囊》里面是不是出现过?

大东 你仔细看看就能看出它们的区别。《数字安全锦囊》的表是从数字中国安全能力建设的视角整理的事件;而这里的表,则主要从应急响应全球化能力建设的视角对事件做了梳理。通过这张表,我们不难看出很多规律。但是在应急响应全球化能力建设锦囊里,我们关注的不应仅是梳理,还要有预测和预知能力,所以必须得知道什么是"预"。

小白 "凡事预则立,不预则废。"我理解的所谓"预",首先就是做好瞬息万变的安全事件跟踪分析,在此基础上才能构建"预"的能力。东哥,"预"在这里有哪些新内涵呢?

大东 其实"预"在这里蕴含着三个维度。第一个维度是预测维度。比如 incaseformat 发生的机理类似于千年虫病毒,类似的解决方法处于已知范畴,但是没有做安全事件积累,所以还是时有发生。

小白 这就是个大问题啊,一个坑掉两次,不应该的。

大东 所以啊,第一个办法就是要构建历史安全事件库,通过这些库探测和扫描数字化对象,就可以避免很多安全事件再次发生。

小白 那第二个办法呢?

大东 上表列举的 Windows XP 源码泄露事件,暴露了代码同源的风险。因此,做好代码同源风险分析能有效构建安全防护能力。

小白 那第三个办法呢?

大东 你看过《钢铁侠》的电影吧?

小白 当然看过,这个电影最炫的部分就是各种神兵利器组装为铠甲的那一瞬间。

大东 其实这个组装过程即"软件组件化",随着 AIGC(生成式人工智能)的逐步成熟,未来的软件组件化会朝着"低代码"甚至"0代码"的方向发展,网络威胁的风险受控性挑战加大。这对威胁情报的"未知能力"提出了更高的要求,这就需要聚焦如何提升未知情报共享能力。

小白 对的东哥。我还记得你在讲"两个情"的时候,说到了"情随事迁,感慨系之矣"这样的话。

大东 其实"情随事迁,感慨系之矣"就点破了事和情的关系。威胁情报的第一个特征就是知识性,即情先于事,这就是"预"的预测维度。

小白 没错,情报一定要比事情来得快。

大东 做好了预测,就可以构建一种面向长期情报获取的前瞻能力,经年累月、滴水穿石般沉淀出威胁情报之网的价值,这就是"预"的预知维度。

小白 明白。

大东 此外,要借助社会工程学的思维、技术手段开展情报梳理和筛选,这就是威胁情报"预"的预见维度。

小白 明白了东哥,对于应急响应全球化能力建设来说,"预"的重要性不言而喻啊!

大东 是的,通过对"三预"的能力构建,就能够沉淀出优势,进行下一步的优化工作啦。

No.3 战备锦囊——优化

小白 网络安全应急响应具体可在哪些方面做优化,从而形成战备能力呢?

大东 可分别从威胁面管理、威胁者画像和安全有效性验证三个方面做持续优化。

小白 能具体讲讲吗?

大东 威胁面管理可重点关注 ASM(攻击面管理)和 SCA(软件成分分析)的技术发展脉络,也就是知己。

小白 那威胁者画像呢?

16 全球志——应急响应锦囊

大东 应急响应的攻击主体是威胁者，没有了威胁者，攻击也无从谈起。这部分能力需要通过对安全事件的深度分析，捕捉尽可能多的带外情报，持续对威胁者做精准画像，也就是知彼。

小白 除了威胁面、威胁者，还有哪些威胁要素呢？

大东 未来重要的威胁要素能力优化可关注安全有效性验证，这需要千行百业的数字化场景赋能和环境推演，也就是知天下。

小白 那优化其实还是围绕着"预"来做的战备能力建设。

大东 是的，战备优化的目标就是要做到对"预"持续提升。

小白 嗯嗯。

No.4 战役锦囊——优先

小白 讲完了"优势"和"优化"，网络安全应急响应的"优先"要从哪些角度来考虑呢？

大东 "优先"对应着上文提到的"流转"能力。当你积累了足够的优势和技术能力之后，如何占得战役的优先权、捕获最佳战机，这是一个核心问题。这就要求根据局部灵活性原则动态调整。

小白 东哥，说到"优先"，前一段时间我去了一次北京环球影城。它里面有个优速通服务，支付相应费用就可以走优先通道；此外，如果你是一个人去玩，就可以走单人通道，这样可以插缝优先。

大东 不光有这些优先机制，譬如说环球影城年卡一般节假日是不能用的，但是因为北京高温天气时出行人少，所以年卡限制放宽，也可以在端午节用了，这就属于优先机制动态灵活调整。

129

小白 这些优先场景需要如何全盘考虑和设计呢？

大东 可以从机制公平、拥有价值、因地制宜这三个方面做优先场景设计。

No.5 小白内心说

小白 这次东哥讲的应急响应全球化能力建设锦囊，围绕战略、战备、战役三个层面，对网络安全事件现状展开分析，并通过"三优"的层级做了阐述，我得好好复习和消化。另外，欧阳文忠公说过，"四时之景不同，而乐亦无穷也"，所以夏天的校园和冬天的校园当然不是同一个校园啦！差点被他绕进去。

草船借箭——应急响应妙计

> **No.1 草船借箭**

大东：上一课我们谈了应急响应全球化能力建设锦囊。现在提问时间到：小白，你觉得在数字中国建设背景下，应急响应全球化能力建设应该考虑哪些方面呢？

小白：那就是要围绕"预"这一科学目标从"三优"维度进行分析，即优势、优化、优先。

大东：不错，看来上一课的知识消化得很好，提出表扬。

小白：谢谢东哥。

大东：咦，你在看《三国演义》啊！

小白：是的东哥，正所谓"不谋万世者，不足谋一时；不谋全局者，不足谋一域"。这本书里面讲到的很多战略思想和妙计可以触发我战略思维的升级。比如，我现在看的"草船借箭"这部分，就是诸葛亮充分估计了战局形势，剖析了敌我优势与劣势，开展了场景推演后，执行的优选策略。令人击节！

大东：你说得没错，看来是总结了很多、思考了很多。"草船借箭"这个故事我也很喜欢，而且我觉得，这个故事与威胁情报有关。

小白：东哥速速道来，我已迫不及待！

No.2 事先:"四量"

大东 我们今天的主题就是应急响应全球化能力建设的中观分析,也就是妙计,那么我们就要从威胁情报的"四量"说起。

小白 何谓"四量"?

大东 存量、增量、变量、能量。

小白 懂了,我认为存量是"大东话安全"的网络安全热点事件库。在全球化网络建设的背景下,威胁情报的流动性和复杂性增加了不少,因此可以根据安全事件的历史发展脉络探寻其内生逻辑和演进规律。

大东 是的,这也意味着可以建立一个强大的全球合作网络来共同盘点存量,分析规律。

小白 之前东哥提到的共享机制,也可以面向存量历史事件库递进式开展,以便及时了解全球威胁动态。

大东 你说得没错。增量就是根据历史事件库升华提炼的安全情报库,这个理念你可以借用稀疏矩阵的映射逻辑来类比。

小白 那么,什么是变量呢?

大东 其实,存量和增量都聚焦于网络安全威胁情报领域,但是网络安全事件的深度分析还需要进一步考虑带外情报,譬如跳出网络安全领域从全球产业链视角做产业情报分析,得出的威胁带外情报库可以称为"变量"。产业情报库的功能就是结合各产业行业的情报信息,更全面地分析威胁情报的来源和目标。

小白 明白,而且产业情报观测视角也需要不断更新,以及时动态调整，适应不断变化的威胁情报发展形势。

大东 能量可以理解为面向产业数字化场景的、具有网络威胁应对能力的沉淀库，因此产业数字化场景库的构建至关重要，这样才能够为威胁情报的推演和预测提供背景与环境。能量聚合是"四量"的核心目标，可以用一个"积"字加以概括。

小白 明白了。

大东 你有没有发现，这"四量"内部也有一个"由窄到宽"的演变规律？

小白 嗯，发现了！

大东 非常好，你已经领悟了要点。

No.3 事前："四知"

大东 小白，"四知"你知道吗？

小白 之前介绍"两个情"时讲过已知和未知，和这个有关系吗？

大东 应急响应下的威胁情报"四知"为应知、深知、专知和先知。

小白 怎么讲？

大东 首先来说应知。应知就是威胁情报从业人员默认应该知道却往往不知道的情报。比如，Nday 漏洞的情报已经存在很久了，而网络安全的相关从业人员却对此一无所知，这就会埋下很大的隐患。

小白 那深知呢？

大东：深知比应知递进了一个层次，它是指在获得了应知情报能力的基础上继续按图索骥，探寻未知情报。通过不断纵深地挖掘安全事件的方式，我们就能更加深入地掌握安全事件的内在演进机理和逻辑脉络。

小白：如何挖掘呢？

大东：比如沿着勒索病毒事件的时间轴，针对相关勒索黑客组织的情况做分类分析，可以得出勒索病毒的代码特征是有规律可循的，这样就可以做定向的代码特征分析。如果进一步对其背后的勒索黑客组织开展定向研究，那么应急响应能力就会进一步提升。

小白：明白了。那么专知该如何理解呢？

大东：专知就是独门手艺，具有独特性。

小白：就像诸葛亮的"木牛流马"？

大东：有点类似，也比如钱锺书的著作《管锥编》。其实《管锥编》里面的知识都可以公开查阅到，但是钱锺书先生利用他强大的国学知识体系进行了一场史诗级的总结，用独特的方式将别具一格的国学知识体系呈现给读者。

小白：具备专知能力，也就是说，纵使我有本事且告诉了你，你也看不懂或听不懂，够"凡尔赛"。

大东：的确。其实专知也给了我们一点启示，就是看不懂或听不懂并不代表没有价值，我们要跳出网络安全思维来分析网络安全事件，比如可以切换到产业链、供应链的视角去观测网络空间安全学科领域的演进规律，进而获得专知。

小白：妙哉！那么先知呢？

大东 先知是"四知"的最高境界,也是威胁情报领域不断探索、追寻的核心目标。

小白 我明白了,诸葛亮的"草船借箭"岂非一种先知,能够运筹帷幄,决胜千里!

大东 没错。

小白 那么在威胁情报领域,如何能够成为像诸葛亮一样的先知者呢?

大东 这就需要打通从专知到先知的闭环链路,不能一蹴而就;要从事先、事前、事中、事后四个维度全方位开展威胁情报预警响应能力建设,实现对威胁情报了如指掌的战略目标。

小白 是的。我又想到了"蒋干盗书"这个故事,周瑜对蒋干的所有行为、心态都开展了全方位的揣摩、推演,所以这也是先知的经典案例啊!

大东 《三国演义》中类似的先知故事有很多,像陆逊的"火烧连营"、庞统的"铁索连舟"、曹操的"乌巢烧粮"等,也都是穷尽场景推演进而决胜千里的先知典例,值得我们借鉴、思考。通过这些案例我们不难发现,其实这些先知,作为威胁情报的关键性输入,大多会对战机的把握起到关键性作用。

小白 嗯嗯,活学活用最关键。

大东 我们小结一下,"四知"的核心目标可以用一个"知"字加以概括。孙子说"知己知彼,百战不殆",到底是真知己还是假知己,谁也不知道,这就是应知要解决的问题:我以为我知道了,其实我不知道,这就是应知的未知,所以要构建应知能力;建立了应知能力才能继续构建深知、专知，最终实现"知"目标。

小白　嗯嗯。

大东　要不你说说"四知"能力建设的演变规律？

小白　我想应该是"由浅入深"，对吗？

大东　孺子可教也！

No.4 事中："四跑"

大东　其实事中这一阶段，可以用"四跑"理论来解释和概括。

小白　"四跑"就是你经常说的会跑、跟跑、并跑、领跑？

大东　对的。事中代表着安全事件正在发生，这个时候就需要网络安全应对能力跑起来。

小白　按我的理解，会跑就是要建立全天候、全流量、全局性的态势感知能力。

大东　那么跟跑呢？

小白　按我的理解，跟跑就是要及时跟踪全球威胁情报能力演变情况，不断优化现有的安全防护能力。

大东　理解得不错。并跑呢？

小白　并跑，我认为是应对能力要达到全球标准。也就是说，要具备与时俱进的能力。

大东　如果是面向数字政府这种场景，需要如何设计？

小白　我认为，应该充分利用基础运营商的网络资源，全面提升资产测绘、威胁监测、威胁预警、威胁处置、攻击溯源、情报协同、攻防一体的安全服务能力,从而实现全方位感知网络安全态势,协助有关部门快速梳理互联网资产暴露面,解决国内外非法网络攻击的监测预警、情报协同问题,缩短"感知—行动—决策—响应"周期。

大东 没错。所以这就要求面向威胁情报的安全运营能力实现从应急到应对的提升。那么领跑呢?

小白 是不是要从建立数字指标标准的目标出发,譬如统一多元数字安全韧性评价体系,从韧性指标出发,充分考虑抗毁、弹性、快速重构等设计目标;同时还可在大模型的基础上,智能构建与推演持续丰富和深化的应用场景,这样就可以稳步实现领跑能力。

大东 讲得非常好。"四跑"的核心目标是"处",即实施处置,减少损失。

小白 那么"四跑"内部的演变规律,应该是由内而外,对吧?

大东 恭喜你,答对了!

No.5 事后:"四因"

小白 那么在应急响应全球化建设过程中,事后这一阶段妙计如何实施?

大东 这部分可以通过"四因"脉络来诠释。"四因"是指诱因、起因、成因、归因,通过总结经验最终推出原因。

小白 这个有具体应用案例吗?

大东 你想一想今天的主题。

小白 "草船借箭"？

大东 没错。"四因"完全可以借助"草船借箭"的案例来诠释。你觉得"草船借箭"的诱因是什么呢？

小白 《三国演义》里讲的是，赤壁大战之前，两方实力不对等，吴蜀缺箭，那就得想办法。办法也许不一定是借箭，也可以造箭，反正得想办法把缺箭的短板补齐。

大东 是的。这就是"草船借箭"这个故事的诱因。

小白 那么，起因是？

大东 这件事的起因是周瑜想难为诸葛亮，故意提出限十天内造十万支箭，而诸葛亮在鲁肃的帮助下巧妙地借到了箭，实现了攻防优势逆转。

小白 那么成因呢？

大东 成因就是这个事情直接办成的原因。你觉得有哪些呢？

小白 我觉得主要是因为当时赤壁鏖战一触即发，曹军处于实时备战状态，所以才会有大量弓箭，这才让诸葛亮捡了便宜。

大东 这是一个原因。另外，还有一个原因就是鲁肃帮助诸葛亮筹措了大量草船，大雾的天气也缩小了曹军的视域，帮了诸葛亮的忙；而且，借箭这招史无前例，曹军想破脑子也无法想出。

小白 妙哉，那么归因呢？

大东 归因当然是诸葛亮算无遗策、料事如神啊！这个对手太牛了，难怪曹操栽跟头。

小白 确实啊，能赢了曹操的人翻遍《三国演义》也是屈指可数的。

No.6 小白内心说

小白 今天东哥讲的"四量""四知""四跑""四因"真是精彩绝伦,我得好好消化一下。

18

Ryuk 继任者 Conti 盯上电源供应商
——台达电子遭勒索病毒攻击

No.1 小白剧场

小白 东哥,你知道台达电子(全称为台达电子工业股份有限公司)吗?

大东 当然,台达电子是计算机电源厂商,据说全球每两台服务器和每三台 PC(个人计算机)就有一台使用台达电源。

小白 那业界地位这么高的台达电子,它的网络安全防御机制怎么样呢?

大东 跟了我这么久,小白你的网络安全意识确实提升不少,已经能够自主关注每个产业的网络安全防御机制了!

小白 过奖了,东哥。

大东 话说回来,"枪打出头鸟",台达电子最近的确不怎么安全。

小白 怎么回事呢?

大东 最近,台达电子发布声明,说它在 2022 年 1 月 21 日受到了勒索病毒攻击,这次攻击与 Conti 勒索软件团伙有关。

小白 Conti 勒索软件?勒索软件在各大产业界还真是屡见不鲜的攻击形式,不过 Conti 是谁来着,听着好耳熟,东哥详细讲讲吧!

No.2 话说事件

大东：我首先介绍一下 Conti 勒索软件的来历吧。

小白：好的。

大东：最早，在 2019 年该勒索软件家族就被发现，它背后的攻击组织以 RaaS（勒索软件即服务）形式在地下论坛运营，并广泛招收成员。自 2020 年 5 月开始，它的攻击活动越来越多，一直活跃至今。

小白：原来这么早就有过攻击活动了，那它的攻击形式大多是哪些呢？

大东：该勒索软件主要利用其他恶意软件、钓鱼邮件、漏洞和 RDP（远程桌面协议）暴力破解进行病毒传播，利用多种工具的组合实现内网横向移动。

小白：这么多技术名词，可以举个具体的攻击例子吗，东哥？

大东：有啊！2020 年 7 月，它利用匿名化软件 Tor 建立赎金支付与数据泄露平台，采用"威胁曝光企业数据 + 加密数据勒索"双重勒索策略。

小白：有最近的攻击案例吗？

大东：当然，2021 年 12 月，Log4j 的漏洞（CVE-2021-44228）被曝光后，Conti 勒索软件运营者就开始利用存在该漏洞的 VMWare vCenter 进行横向移动。

小白：没错，我记起来了，这么危险的漏洞，Conti 组织是不能放过的！

大东 国内公司通过分析,发现该组织与 Wizard Spider 黑客组织(运营 Ryuk 勒索软件)的分支机构 Grim Spider 存在一定关联。

小白 有什么迹象能够确定这种关系吗?

大东 经过分析发现,二者采用的攻击工具存在部分相同之处,攻击载荷代码段相似,都曾利用 TrickBot、Emotet、IcedID 和 BazarLoader 等木马程序进行传播,而且 Ryuk 勒索软件攻击活跃度近期也逐渐降低。

小白 原来如此,那 Conti 勒索软件没准就会成为 Ryuk 勒索软件的继承者。话说回来,本次台达电子被 Conti 组织勒索的事件严重吗,东哥?

大东 在发布的被攻击声明中,台达电子宣称攻击并未影响其核心生产系统。

Ryuk 勒索案例

小白 怎么可能不影响,这应该是想稳定"军心"吧。

大东 没错。据当地媒体报道,有记者获得了一份内部事件报告副本,报告数据显示,台达电子的 12000 多台计算机和 1500 多台服务器已被攻击者加密。

小白 这么多台设备已经被加密了,那正常的生产会不会受到影响啊?

大东 目前尚不清楚此次攻击是否会对其客户的产品供应造成影响。台达电子表示公司在第一时间发现了攻击,然后组织安全团队进行干预,对受感染系统采取措施,并开始恢复运营。同时,公司正与趋势科技和微软公司合作,争取尽量降低损失。

小白 那 Conti 组织索要的赎金是多少呢?

大东 据称,攻击者向台达电子索要 1500 万美元的赎金。但 Conti 组织勒索攻击的数据公布网站尚未提及台达电子的名称,可能双方仍在就赎金问题进行谈判。

小白 一定要将损失降到最低呀!

No.3 大话始末

小白 对于 Conti 组织,有哪些比较经典的案例可以介绍一下吗,东哥?

大东 2021 年 5 月 14 日,爱尔兰 HSE(卫生服务执行局)多家医院的服务被取消和中断,原因是遭受了 Conti 勒索软件攻击。

小白 Conti 组织窃取了哪些数据呢?

大东 Conti 勒索软件攻击者声称从 HSE 窃取了包括患者信息和员工信息、合同、财务报表、工资单等在内的 700GB 的未加密文件。

小白 还有其他的案例吗?

大东 同样在 2021 年 5 月,美国俄克拉何马州塔尔萨市的在线账单支付系统、公用事业账单系统和电子邮件系统都因 Conti 勒索软件的攻击而中断服务。

小白 这次攻击窃取的数据规模有多大呢?

大东 Conti 组织表示已经公开窃取到 18938 份文件。

小白 有攻击政府部门的案例吗?

大东 当然有。2021 年 10 月,高端珠宝商 Graff(总部位于英国伦敦)遭受 Conti 勒索软件攻击,包含众多明星、政治家和国家元首信息的数据文件被窃取。

小白 元首数据都有?

大东 没错。在窃取数据后,Conti 组织在其网站上发布了数万份文件。

小白 这么重要的元首信息被泄露,最后是怎么处理的呢?

大东 迫于政治压力,2021 年 11 月 4 日,Conti 组织发表声明,表示任何与沙特阿拉伯、阿联酋和卡塔尔的家庭成员有关的信息将被删除,并向穆罕默德·本·萨勒曼王子殿下和其他所有王室成员致歉。

小白 看来 Conti 勒索软件的攻击领域还挺广泛,窃取的数据规模还不小!

大东 Conti 勒索软件通过 Tor 建立网站,自 2020 年 7 月 29 日公布第一个受害者信息以来,截至 2021 年 12 月 15 日,共计公布了 631 个受害者信息,其中,2021 年 Conti 勒索软件在全球范围内影响了超过 470 个组织与机构。

小白 面对这么肆意妄为的 Conti 勒索软件,我们有哪些比较高效的防御手段来抵御勒索攻击呢?

大东 目前看来,为应对该勒索软件,我们还是要多多听取专家的建议。

小白 有哪些具体的建议呢?

大东 在个人防护层面,我们一定要强化终端防护,比如安装反病毒软件,并开启勒索病毒防御工具模块,以此来保障我们的终端安全。

小白 除了安装病毒查杀软件,还有别的建议吗?

大东 还要加强口令密码强度,避免使用弱口令,建议使用 16 位或更长的密码,且应为大小写字母、数字和符号的组合,同时避免多个服务器使用相同的口令。在数据层面,一定要定期进行重要数据备份,且备份数据应与主机隔离。

小白 那在企业层面,有哪些具体的防护建议呢?

大东 在日常生产中,企业一定要开启相关日志,特别是开启关键日志收集功能,这些关键日志,如安全日志、系统日志、PowerShell 日志、IIS(因特网信息服务)日志、错误日志、访问日志、传输日志和 Cookie 日志等,可为安全事件的追踪和溯源奠定基础。

小白 除了日志层面,还有别的层面吗?

大东 对于恶意连接的识别,一定要设置 IP 白名单规则,配置高级安全 Windows 防火墙,设置远程桌面连接的入站规则,将使用的 IP 地址或 IP 地址范围加入规则中,阻止规则外的 IP 进行暴力破解。

小白 除了这些配置建议,有哪些建议企业部署的安全防御系统吗?

大东 建议企业部署 IDS(入侵检测系统),部署流量监控类软件或设备,便于及时发现勒索病毒并追踪和溯源。

小白 IDS 有哪些呢?

大东 比如 PTD(安天探海威胁检测系统),这类系统以网络流量为检测和分析对象,能精准检测出已知海量恶意代码和网络攻击活动,有效发现网络可疑行为、资产和各类未知威胁。

小白 除了这些硬性的防御机制,还有哪些软性的防御工作需要对企业强调的吗,东哥?

大东 千万不要忘记灾备预案,建立安全灾备预案能够确保备份业务系统在受到恶意攻击后可以快速启用,不耽误正常生产。

产业志——链式安全锦囊

> **No.1 白话链式安全**

大东 小白你在看新闻啊!

小白 也不是,翻到一条消息比较感兴趣:(2023年)4月19日,国家发改委召开4月新闻发布会,将深入实施长三角科技创新共同体联合攻关计划,促进G60科创走廊、沿沪宁产业创新带协同联动,促进传统产业升级转移,加强城市间优势互补和上下游协同,全面提升长三角产业链供应链韧性和安全水平。

大东 你关注的这个点很好。我们一直在说,应从产业的角度来看待新生安全问题,聚焦链式(包括产业链和供应链)安全,才能保障产业、经济、生态三者高质量均衡发展。

小白 所以东哥,今天是讲链式安全?

大东 是的,从产业发展视角研判未来产业数字化和数字产业化的安全发展态势,从战略、战备、战役三个维度提出链式安全锦囊妙计。

小白 从这三个维度是如何提出锦囊的呢,可以说说例子吗?

大东 你看下面的表。比如航空公司用户信息泄露、台积电供应链被破坏等事件,都是攻击者盯准了企业这块"肥肉"下手的事件,这些都让企业蒙受了巨大损失。

网络安全事件盘点——产业

年份	事件	事件点评
2018	台积电供应链被破坏	勒索病毒产业化初现
2018	黑产	商业伪装黑产代表先进生产力
2019	Google Play 被攻击	开源软件安全态势堪忧
2019	Adobe 数据/信息泄露	黑客攻击的重点行业
2020	Windows XP 源码泄露	代码公开代表着漏洞可分析
2020	淘宝"炸弹"	内部人员造成
2021	ClubHouse 被攻击	新业务的安全保障需提前布局
2021	卫星互联网被攻击	黑客已经盯上太空安全赛道
2022	换脸软件	黑产帮凶
2022	污水攻击	航空 API（应用程序接口）频频中招

小白 所以战略、战备、战役三个维度的锦囊到底是哪些内容呢？

大东 战略锦囊可开展链式韧性顶层规划，战备锦囊可关注链式流程安全，而战役锦囊可聚焦软件供应链安全。从产业视角来看，如何把这三个锦囊的优势发挥到极致，促进产业高质量发展，可从"三高"维度分析：高韧性提质、高能级增效、高安全降本。这三个模块马上开讲。

小白 好嘞，还请东哥快快道来。

No.2 战略锦囊

大东　首先我们要明确战略锦囊的主旨，就是打造并提升链式韧性，这也是你刚才在新闻里面看到的，因此各企业都需要足够重视。

小白　确实。那么链式韧性建设需要遵循哪些原则呢？

大东　问得好。事实上，在未来数字化的浪潮下，千行百业都会面临转型的选择，那么物理世界和数字世界必然会加速融合。

小白　在此背景下，网络攻击就会变得更加频繁，相关从业人员的网络安全防护水平就需要进一步提升，链式韧性建设遂显得尤为重要。

大东　是啊。以往讲"锦囊"时，一般是说要找准定位，这次我们也不例外，需要找准数字产业化战略层面的目标定位，下面我提到的两点就与这个话题有关，但是现在先提问一下：小白，你知道双态 IT（Bimodal IT，也称双模 IT）吗？

小白　这可难不倒我。Gartner 的双态 IT 是一种管理和组织 IT（信息技术）的方法论。这个概念最初由 Gartner 于 2014 年提出，并被业界广泛接受和讨论。双态 IT 指的是将 IT 组织的活动分为两种模式，以应对不同的需求和挑战。

大东　很好，这两种模式分别是什么呢？

小白　是稳态和敏态。稳态是指传统的、顺序型的 IT 模式，强调稳定性、可靠性和效率。这种模式主要用于维护核心业务系统和稳定的运营环境。它的关键特点包括成熟的流程、较低的风险和较长的时间周期。敏态是指创新的、迭代型的 IT 模式，注重灵活性、敏捷性和创新。这种模式主要用于快速响应业务变化、推出新产品和服务，以及探索新的技术解决方案。它的关键特点包括快速迭代、实验性质、较高的风险和较短的时间周期。

大东 是的。通过采用双态 IT，组织能够平衡传统稳定性要求和创新变革的需求，在最大程度上实现面向稳态、敏态和混态的"高能级"发展。模式一提供了可靠的运营基础，确保核心业务的稳定性和可靠性；而模式二则允许组织更加敏捷地适应变化、探索新技术并提供创新解决方案。

小白 我明白了，这样就可以实现模式平移到产业化安全韧性建设中，对吧？

大东 聪明啊小白。这就是我说的第一个目标定位。从宏观视角来看，链式韧性建设既具备稳态特征，也具备敏态特征，所以第一个目标定位是要找准其业务属性，看它是稳态、敏态，还是二者兼有的混态。

小白 那么具体如何使产业链和供应链有韧性呢？

大东 那就要从双态 IT 的模式平移角度入手。双态 IT 并不拘泥于固定的架构或方法，而是一种灵活的组织思维方式，可以根据组织的需求与情况进行调整和定制。它的目标是在保持稳定性的同时，提高安全韧性建设的创新能力和敏捷性。

小白 嗯嗯。那第二个目标定位呢？

大东 第二个是要考虑业务安全的分类和分级。比如，数字基础设施就属于高安全属性，而有些数字化场景对安全的需求相对来说较低，所以安全也是要分等级的。

小白 这个我理解。既不能所有都是高安全的,也不能所有都是低安全的,需要做分项处理。

大东 对,就是这个道理!

No.3 战备锦囊

小白 那么战备锦囊包括哪些内容呢?

大东 让我们回顾一下战略锦囊,不难推演出答案。从战略锦囊视角来看,要聚焦链式韧性建设的链式安全,着眼双态IT,实现高韧性提质。而无论哪种模式都需要依附于产业自身的业务属性。

小白 千行百业的业务逻辑千差万别。

大东 没错。千行百业数字化进程的加速,会催生产业、经济、社会的全方位数字化,未来各行业会面临海量的数据安全新场景——数据将成为企业发展的核心价值。要实现企业高能级增效,就需要重点考虑产业数字化催生的业务流程重构逻辑。此外,随着GPT的快速发展,流程推演和选优会成为将来产业数字化高效发展的重要路径。因此从数据价值的战备角度来看,企业的核心使命是高效赢利,要更加关注流程安全,关注流程安全的"高质量"发展。

小白 这个如何理解?

大东 所谓"备",就是要找到企业安全韧性建设的核心抓手。因此,战备锦囊就是不打无准备之仗。比如数字中国的战备锦囊中,要建设屏障,那就要知道企业的核心业务是什么,通过对核心业务的分析,确定具体执行手段和策略。

小白 能否具体讲讲？

大东 你想啊，如果一家企业是僵尸企业，已经没有赢利能力，那必然不会在安全方面投入资金和人力。

小白 是的，就好比一个准备关张的餐馆，老板也不会花钱安装摄像头一样。因为这个餐馆已经只能赔钱，不能赚钱了。

大东 所以要切实从企业站位去分析，那就必须重视流程安全的数字化转型挑战。

No.4 战役锦囊

小白 那么战役锦囊包括哪些内容呢？

大东 随着SDX（软件定义一切）和低代码在软件开发中占据越来越重要的地位，软件供应链安全也要引起企业的足够重视了。

小白 东哥，我最近看了苹果首款头显设备Vision Pro的发布会，发布会结束后，苹果CEO库克在微博发文："欢迎通过Apple Vision Pro进入空间计算时代。"

大东 没错，高新技术的革新速度真是超乎人们的想象。包括ChatGPT等大模型的快速发展，表明软件开发将进入"无代码"化阶段。基于开源代码生成、用AI生成代码将是未来的重要趋势。因此从战役角度来说，企业开发过程未来面临的安全风险将会出现更多不确定性，产业数字化建设应关注软件供应链安全问题，维护供应链"保质保量"地运行，这样才能够做到高安全降本。

19　产业志——链式安全锦囊

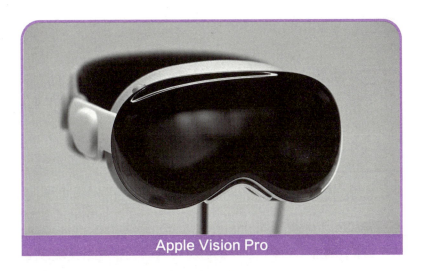

Apple Vision Pro

小白　这让我联想到了供应链投毒事件。

大东　同时,也要提防数字孪生攻击。

小白　什么是数字孪生攻击?

大东　数字孪生攻击是一种复杂的安全攻击方式,其特点是攻击者在物理环境和数字环境中同时对目标进行攻击。这种攻击方式利用了物理和数字系统之间的相互作用,通过操纵物理系统来威胁数字系统的安全。

小白　可怕。随着物理世界和数字世界加速融合这一不可逆转趋势的发展,数字孪生攻击对企业安全的威胁将难以估量。

大东　没错。对企业物理系统的操控就很可怕。数字孪生攻击可以通过操控物理系统来破坏或干扰企业的数字系统。攻击者可能通过操纵物理设备、传感器、控制系统等,实施物理攻击,导致数字系统故障、数据泄露、服务中断等问题。

153

小白　数据篡改、欺骗和伪装、机密数据盗取等威胁同样不容忽视。

大东　面对新的安全态势，企业也要采取强化物理安全、建立多层次防御、加强员工安全教育与意识、定期更新和修补等措施建立全方位防御体系。

No.5 小白内心说

小白　今天东哥以链式韧性建设的站位，依据战略、战备、战役三个锦囊，通过"三高"的层级为我们诠释了企业需要迁移的安全模式建设、流程安全和软件供应链安全等重要问题。下一课，按照"剧本"应该是妙计了。话说小白最爱听的就是妙计，之前讲的"草船借箭"给我听得击节赞叹！下一课东哥又将给我们带来哪些妙计呢？让我们拭目以待！

疏而不漏——链式安全妙计

No.1 疏而不漏

大东 小白你在看电视剧呢！

小白 惭愧惭愧，今年第一次看电视剧就被东哥发现了，就是中午休息放松一下。

大东 看的什么剧？

小白 是2023年的开年大戏《狂飙》。善恶到头终有报，快哉，过瘾！

大东 是的，警察抓坏人的故事总会让人热血沸腾，正是因为有了这些坚守正义的人民卫士，我们才能享受幸福美好的生活。

小白 是啊，这让我想起了"七宗罪"和"八个打"。

大东 其实这类题材的电视剧，我觉得最值得看的点，可以概括为八个字。

小白 哪八个字？

大东 天网恢恢，疏而不漏。

小白 嗯。这句成语其实暗示了宇宙间的隐秘运行法则，任何不正当的行为最终都无法逃脱惩罚，而正义最终会得到伸张。网孔看着很多很大，但这个天网能够捕捉到所有的过错和不义，进而时刻提醒人们要对自己的行为负责。

大东 你说得对。但是从另外一个角度去思考,却可以发现另外一层道理。你想想看,"网"为什么会"疏"呢?

小白 我想主要原因是不可能常态化投入那么多吧。

大东 对咯。一个健康的社会组织形态需要利用合适的成本维护社会治安。

小白 嗯嗯。

大东 因此,这个"疏"是有原因的,即警力的"网"是有网孔的,这属于正常现象。但是只要保证它不"漏",即使犯罪事件出现,恶劣后果也能快速被扼制,可以满足社会治安的要求。

小白 东哥,你今天不会要给我讲影视观赏和《今日说法》吧?

大东 当然不是,哈哈!其实疏而不漏的思维对产业数字化安全建设思路来说,敢疏而不漏的核心在于规则和链条的刚柔并济。

小白 刚柔并济?

大东 是的,链式安全建设的妙计,应该围绕疏而不漏展开,刚柔并济地实施,姑且称之为"疏而不漏"计。

小白 东哥快快道来,我都迫不及待啦!

No.2 主体——降本

大东 疏而不漏值得借鉴的第一层含义,就是付出小成本解决大问题。所以主体这一块,主要是降低成本。

小白 的确如此,利用有限布置的警力来保障城市的治安,这就是典型的付出小成本解决大问题啊。

大东 没错。借鉴哲学思想，今天的妙计可以分为"四体"，分别是主体、客体、本体和超体。

小白 东哥，主体是指什么呢？

大东 我们以前经常讨论两种网络安全防御模式：自卫模式和护卫模式。自卫模式是指依靠自身强化安全以自卫，而护卫模式则是通过外部协助防御来护卫。对于链式安全建设来说，就是要以自卫模式为主体开展数字安全韧性建设。

小白 原来是这样，我明白了。

大东 我们提到过数字安全包括网络安全和数据安全，但产业毕竟是由大大小小的企业构成的，所以首先要摸清企业的核心关切，才能找准数字化的切入点。那么企业最关心的要素是安全风险，企业往往害怕盈利受到损失，因此他们关心的事件主要是违法违规、以企业为目标的诈骗和黑产（即黑色产业）等类目。所以数字化应该围绕降本、减损、提质、增效等这几个企业核心关切来开展建设。只有满足了产业链上全部企业的合理诉求，产业链、供应链的安全建设才有保障，数字化建设的前途才会更加光明。

小白 明白了。

大东 嗯嗯。整体上看，网络安全一直都是一个快速更新和演进的领域，所以产业数字化建设的安全韧性也需要紧跟时代的步伐，坚持与时俱进。

No.3 客体——减损

小白：讲完了主体妙计,那么东哥,客体的妙计有哪些呢?

大东：客体部分是指产业中的软件供应链安全能力建设,因为软件供应链是产业数字化塑造过程中重要的客体对象。通过增强软件供应链的安全性和韧性,从而对整个产业链减损,可以起到有效保障数字安全体系的稳定运行的作用。

小白：那产业链的减损具体包括哪些措施呢?

大东：比如供应链审查。产业数字化韧性建设要求,在选择供应商和合作伙伴时,应对其进行全面的供应链审查,也就是开展"四评",即评估、评审、评定和评议。不仅要评估其安全控制措施、安全实践和安全意识,确保它们有能力提供可信赖的软件和服务,还要开展持续性的安全监测和风险管理评审活动,建立持续监测机制,及时识别和应对潜在的安全威胁。同时还要进行风险评定和管理,以确保供应链的安全。

小白：我觉得,安全信息评议共享与合作同样很重要。

大东：当然啦,积极参与安全信息评议共享与合作,与其他组织、行业和政府共同应对供应链安全挑战是产业链建设中不可或缺的重要力量。通过共享共评信息和经验,可以有效增强整个供应链的安全性。

No.4 本体——提质

小白：嗯嗯。那东哥,本体的妙计是指什么呢?

大东：本体是指产业数字化的合规管理,进而实现提质的目标。

比如，供应商的"四规"就是一个基本要求。

小白 那这四个规范分别是什么呢？

大东 它们分别是合作规范、培训规范、管理规范和审核规范。首先是合作规范，与供应商签订合同时，应明确安全要求和合规标准，包括安全控制措施、数据保护要求、合规性要求等，以确保供应商在合作过程中遵循相应的安全标准和法规。要求供应商遵循最佳实践，如采用 SDLC（系统开发生命周期）、进行代码审查和漏洞扫描等。

小白 好的，我懂啦。关于下一个培训规范，我觉得是要加强供应商培训，为其提供相关的培训和指导，帮助供应商提高安全意识和技能，并开展独立的安全评估和认证，确保供应商的产品和服务都符合安全标准。通过采用多源供应商策略，降低对单一供应商的依赖，这样可以降低因一个供应商的问题而对整个供应链造成的风险，因为如果供应链断了，那后果将不堪设想。

大东 你说得特别棒！事实上，很多央企在对供应商进行合规管理的时候就采取了这些措施。

小白 那管理规范呢？

大东 围绕管理层面其实有很多事情要做。一是漏洞管理，建立漏洞管理机制，及时跟踪并处理软件供应链中发现的漏洞，确保及时安装供应商提供的安全补丁和更新。二是应急事件应对方面的管理，如果要建立健全的安全事件应对机制，及时报告和应对安全事件，供应商需要积极配合上游企业进行调查和处理，确保对安全事件的迅速响应和解决。

小白：嗯嗯，那还有没有审核方面的规范要求呢？

大东：有的。产业数字化管理中要对供应商进行合规审计，确保其遵守相关的法规和政策要求，这包括对供应商的合规性、信息安全管理制度和数据隐私保护措施等进行审查和验证。定期开展安全评估和认证既加强了安全审核与监督，为供应商提供了必要的信息安全培训和指导，也有利于帮助供应商提高安全意识和处理安全事件的技能。

No.5 超体——增效

小白：东哥，最后一部分——超体部分的妙计有哪些呢？

大东：超体部分，就是要超越产业数字化韧性建设的视角；再回头看链式安全建设，也就是要求我们超前布局，开展顶层战略规划，即顶规。如果说合规是立地，那么顶规无疑就是顶天。

小白：顶天立地，妙哉！那么顶规要覆盖哪些内容呢？

大东：顶规的目标，是从战略视角实现整个产业链的增效，发展"无成本经济"。产业数字化链式安全建设这样浩大的系统工程，其安全方面的设计体现在方方面面，所以自然要全方位和多角度地开展系统性、前瞻性、迭代性的设计。

小白：开展全方位设计之前，我觉得首先要对产业结构开展优化布局，其目的是推进经济转型战略，实现产业转移和优化升级。产业结构优化的前瞻性谋局可以起到促进新旧动能转换、推动经济结构优化的良好效果。

大东 是的。此外，从战略视角考虑全方位设计时还需注重"四合"理论。第一是要加强基础设施建设与数字化建设的耦合，推动循环经济发展，打通数字物流等流通环节，实现内循环，构建高新科技生态基础设施，进而推动质的变革，实现数字经济发展质量提升。

小白 懂了，除了耦合，东哥你以前总强调物理世界和数字世界会加速深度融合，那么加快发展数字经济，促进数字经济与实体经济深度融合也是一个需要提前谋划的点，对吧？

大东 当然，小白你提得很好，说明认真听课了。所以，要积极建设具有国际竞争力的数字产业集群，优化基础设施布局，充分融合新基建、东数西算、产业互联网、工业互联网等新兴科技产业特点，开展数字经济布局，引领数字经济建设从规模扩大到质量提升的跃变。

小白 嗯嗯。在新旧动能转换顶层如何设计？

大东 新旧动能转换过程中可以采取重点行业试点推动等方式，保障转换过程的顺利进行。同时，"四合"理论中的联合上场了，它指的是也可以发挥国际合作机制，提前规划全球化数字经济发展，实现产业链向相关国家的赋能，推动数字经济标准定义的制定，打造国际示范品牌。

小白 东哥，你在前文讲"锦囊"时说的双态IT给我留下了深刻印象，锦囊的双态模式能不能在妙计里面有具体体现呢？

大东 我想一想。其实在链式安全高质量能力发展中，可以采用混态模式架构，同时支持传统业务的稳定运行和创新业务的快速迭代，在考虑建立核心系统的稳定模式的同时，引入敏捷开发和灵活的创新模式，以满足不同业务需求。

小白　嗯嗯，所以"四合"理论中最后一个应该是配合，双态 IT 模式只有互相默契配合才更有利于链式安全韧性的培养。

大东　没错。一方面加大投资力度，优化数字化基础设施的建设，包括云计算、大数据、AI 等关键技术的应用和部署；另一方面搭建灵活可扩展的基础设施，支持业务的快速创新和扩展，提升数字化转型的效率和质量。两个方面共同配合，齐抓共管，就能实现类似齐头并进的格局。

小白　不仅如此，我觉得还可以建立积极的创新文化和敏捷的工作方式，鼓励员工跨部门协作、自主创新和迭代优化，这是敏态；而培养数字化思维和技能，推动组织从传统业务向数字化业务的转型，这是稳态。

大东　你这个解释非常好！

No.6 小白内心说

小白　今天东哥的"疏而不漏"妙计实在是太绝了，不仅从本体、客体、主体和超体的"四体"脉络，为整个产业数字化韧性建设提出了诸多建议，还穿插着"四评""四规""四合"策略帮助我们理解，真是精妙绝伦呢！

进口芯片的秘密数据收集：
揭示智能手机隐私安全风险的真相

No.1 小白剧场

大东：小白，你在看什么呢，笑得这么开心？

小白：我在看网站上对程序员刻板印象的视频，笑死我了，最近给我推荐的都是这种视频。

大东：哈哈，那可能是因为大数据发现你是一个程序员，或者对计算机专业感兴趣，就给你推荐这种视频。

小白：这个我之前了解过，一些厂商或多或少都会收集用户信息，以此提供更加精准的数字化服务。

大东：是的。智能手机是当下人们最"离不开"的核心物品之一，也是一个承载着用户几乎所有秘密的设备，还是个我们会随身携带的电子设备。

小白：我基本上全天都要带着手机，用手机付款、导航。没有手机我感觉自己都没办法在现代社会生活下去，而且我的许多信息也存储在手机上面，包括电子身份证等重要信息，即使知道自己的信息会被收集也没有什么办法。

大东：在某些人看来，实际上这是一种监控行为。为了逃避这种监控，一些对技术了解较多的用户会在他们的智能手机上安装非官方版本的 Android 系统。

小白 非官方版本的 Android 系统？

大东 比如，他们会选择一部经过改装的 Android 手机，其中不包含任何官方的专有（闭源）应用程序或服务。他们通常会安装一个自定义的 ROM（只读存储器），用一个不带任何官方应用程序的开源 Android 系统替代标准的 Android 系统。

小白 这种系统就完全不会被监视吗？

大东 从理论上来说是这样的，使用开源 Android 系统不会被搜集到位置等信息。但是，最近德国某安全公司发布的报告指出，在不需要 Android 系统参与的情况下，带有某品牌芯片的智能手机会秘密地向企业发送个人数据，并且这些数据将会上传至企业在境外部署的服务器上。

小白 直接从硬件层面搜集用户信息？这具体是怎么回事？东哥能详细说说吗？

No.2 话说事件

大东 具体来说，德国某安全公司发布了一份报告，称带有某品牌芯片的智能手机会向企业发送个人数据，即使在使用非官方的 Android 系统发行版时也是如此，而且这些数据是在未经用户同意、未加密的情况下发送的。

小白 真的吗？这听起来很不可思议，企业私自收集用户信息还是用明文传输。那这些数据会被上传到哪里？

大东 报告说，这些数据会被上传到企业部署在境外的服务器

21 进口芯片的秘密数据收集：揭示智能手机隐私安全风险的真相

上。受影响的智能手机包括绝大部分使用该品牌芯片的 Android 系统手机和部分 iOS 手机。

小白 太可怕了。企业有什么回应吗？

大东 企业承认存在数据传输行为，但否认私自收集用户隐私信息，强调该行为符合 XTRA 服务隐私政策。至于上传的用户数据是否涉及国家安全，企业的解释让人难以信服。

小白 是啊，涉及国家安全就不是小事了。如果我们的这些数据落入某些境外政府机构或间谍组织的手里，后果不堪设想。智能手机可是我们随身携带的设备，几乎包含了个人的所有秘密。这家安全公司是如何调查的？

大东 安全研究人员在一款去掉官方 Android 系统的手机上进行了实验，实验过程中，他们使用了一个隐私保护严格的开源系统 /e/OS，并关闭了 GPS（全球定位系统）的定位服务以避免干扰实验。

小白 他们发现了什么？

大东 在手机连接到网络后，他们发现手机首先向服务器发送了 DNS（域名服务器）请求，接着发现手机与某品牌的服务器建立了连接，这表明该芯片企业正在悄悄收集用户的信息并上传到自己的服务器上。

小白 都包括哪些信息呢？

大东 安全研究人员列出了可能收集到的信息，包括设备的唯一 ID、国家代码、手机运营商代码（允许识别国家和移动运营商）、操作系统和版本、设备上的软件列表和 IP 地址等。

> **小白**:这么多的信息啊,甚至包括国家代码和 IP 地址。

> **大东**:企业否认自己收集 IP 地址,但实际情况是他们很可能收集了 IP 地址。在安全研究人员公布实验结果后,企业更新了隐私政策,并补充表示也会收集设备的 IP 地址。另外企业还添加了自己会将此数据存储 90 天以用于"质量目的"的信息。

> **小白**:在被人发现后,该企业直接明目张胆地收集用户信息了吗?

> **大东**:从企业的回复来看是这样的。

> **小白**:这岂不是说任何使用该企业芯片的手机都可能被企业收集信息?

No.3 大话始末

> **大东**:企业这样的处理方法严重威胁了用户的个人信息安全。

数据隐私保护

小白 是啊，如果报告中提到的情况属实，用户的个人数据将在未经同意和未加密的情况下发送给企业并上传至境外的服务器。这将对用户的隐私造成严重威胁，因为个人信息可能会落入不法分子手中，导致身份盗窃、信息泄露和其他潜在的安全风险。

大东 不仅如此，私自收集用户信息一直都是违法的行为，该企业此举违反了相关的隐私法律和监管要求，可能会面临法律诉讼和调查。此事件可能引发对数据隐私保护的更严格监管措施的实施，以确保用户数据的安全和隐私权的保护。

小白 这样来看的话，使用该品牌芯片的手机，都可能受到影响。

大东 该品牌芯片广泛应用于许多品牌的智能手机，包括知名品牌和一些开源手机。任何使用该品牌芯片的手机厂商都可能在不知情的情况下帮助其违法搜集用户数据。

小白 供应链安全也会受到威胁。

大东 是的，该事件可能会对整个智能手机供应链的安全性产生影响。这暴露了供应链中某些环节的安全漏洞，可能导致用户数据被泄露或滥用。供应链中的其他参与方，如手机制造商和运营商，可能需要加强对供应链环节的审查和监控，以确保供应链中的各个环节都符合数据隐私保护和安全的要求。

小白 国家是该加强供应链环节的审查和监控了。

大东 该事件已经威胁到国家安全了。

小白 芯片私自收集用户信息，数据被上传到境外的服务器上，可能引起其他国家情报机构的关注。这些国家可能会试图获取这些数据，以获得有关特定个人、组织或国家的情报信息。这可能涉及间谍活动和信息战。

大东 所以国家要加强对技术供应商的监管，以确保其产品和服务不会对国家安全造成威胁。需要更严格的安全审查的同时，也要求供应商提供更多的透明度。

No.4 小白内心说

小白 该热点事件揭示了一些与网络安全相关的问题，主要涉及数据隐私和供应链安全。如何保护数据隐私安全和供应链安全是一个值得思考的问题，以下是一些解决办法和预防措施。

数据隐私保护方面：企业和组织应该遵守适用的数据隐私法规和最佳实践，确保收集、存储和处理用户数据时遵循合适的权限和安全措施；用户应该保持警惕，仔细阅读并理解与个人隐私相关的政策和条款，以便知道个人数据的使用方式和范围，并对分享个人信息的行为保持谨慎。

安全供应链加固方面：企业和组织应该对供应链中的各个环节进行审查和监控，确保所有合作伙伴和供应商都符合安全标准，并与其建立可信任的关系；引入供应链安全评估和审核机制，包括对硬件、软件和数据传输过程的安全性进行全面检查；采用安全认证和加密技术，确保数据在传输和存储过程中得到充分的保护。

国家方面：要加强监管，政府和监管机构应该关注与监测技术公司和供应链中的安全问题，并制定适用的法律法规来保护用户数据和网络安全；加大对企业和组织的监管力度，确保其遵守相关的安全标准和规定，同时对违规行为进行调查和处罚。

个人方面：用户要加强隐私保护意识和网络安全意识，了解个人数据的价值和存在的风险，并采取相应的措施来保护自己的隐私；学习如何识别和应对网络威胁，包括钓鱼邮件、恶意软件等，以免受到个人信息泄露或其他安全问题的影响。

《流浪地球 2》中的网络安全元素

No.1 从看完《流浪地球 2》说起

大东 小白,寒假结束了,2023 年的春节档电影堪称异彩纷呈,你都看了哪几部啊?

小白 惭愧东哥,我只看了《流浪地球 2》。

大东 我一猜你就会看这个。《流浪地球 2》延续了《流浪地球》的硬核黑科技风格,尤其是人类推进"流浪地球计划"困难重重,"数字生命计划"引起争端,人类将何去何从成了最大的悬念,引发我们对环境保护的关注和对生存环境的珍惜。

小白 嗯嗯,我也回顾一下。现在对《流浪地球 2》这个大 IP(成名文创作品的统称)的解读堪称众说纷纭,也不乏一些从网络安全视角展开的解读,真是"一千个读者就有一千个哈姆雷特"啊!

大东 的确。我们"大东话安全"专栏四年前就解读过《流浪地球》电影里面蕴含的网络安全元素,两部电影都包含了很多网络安全元素。

小白 《流浪地球 2》凭借硬核水准彻底炸开了中国科幻片市场,为我国国产科幻片树立了新的标杆,证明了我们的科幻片不仅能够跻身顶级赛道,还可以在这条赛道上绽放无限光芒。东哥,你快给我们解读一下里面的网络安全元素吧!

大东 好嘞!

No.2 谈谈《流浪地球2》中的网络攻击

大东 话说《流浪地球2》里面,最明显的网络攻击当数太空电梯的系统被攻击这一场景。

小白 没错。幕后黑手入侵太空电梯的地面基地无人机系统,对太空电梯发动了大规模的网络攻击,导致太空电梯被摧毁。

大东 太空电梯坠落的场景确实很炫酷,很震撼。无独有偶,早在2019年,《蜘蛛侠:英雄远征》里面就已经展示了针对神秘客的全息幻象内部的无人机群网络攻击,也是炫酷到极致的演绎。

小白 是的东哥。那么电影里针对无人机的攻击主要属于哪种攻击类别呢?

大东 这是信息物理式攻击,属于物联网攻击的范畴。

小白 哦,那已经司空见惯、不足为奇了啊。

大东 物联网攻击作为一种本体入侵攻击,确实是比较常见的攻击形式。未来勒索病毒、水坑攻击、钓鱼攻击等攻击方式将成为更普遍的攻击方式,中间人、内鬼等社工攻击方式也越来越值得警惕。

小白 我也这样认为,淘宝325逻辑炸弹和微盟内部员工删库事件,都属于内部人员造成的安全事件。那么《流浪地球2》里面还包含了哪些更加高级的攻击形式呢?

大东 你看彩蛋了吗?

小白 那必须看了啊,就是没太看懂。莫斯被刘培强"烧死"之前说的最后一句话是:"让人类永远保持理智,的确是一种奢求。"个中含义令我百思不得其解。

大东 这句话实际上暗示着奇点的临近。莫斯已经违反了阿西莫夫三定律了,所以刘培强坚持执行"流浪地球计划",并毁了莫斯,利用空间站的燃料爆炸喷出的火焰来补上点燃木星差的 5000 千米距离,最终木星被点燃,这才使得地球和人类有惊无险。莫斯的故事,其实是 AI 安全发展的一种场景推演。

小白 原来如此。

大东 是的。而且《流浪地球 2》电影中的量子计算机叫 550W,那倒过来不正是 MOSS(莫斯)吗!

小白 怪不得很多人说莫斯才是幕后的"老大"!量子计算机的计算能力会让任何复杂密码都形同虚设!

大东 哈哈,所以看破解核弹密码那一段时我的心都悬到嗓子眼了!

小白 以后看数字都要想一想是不是达·芬奇密码了。

大东 嗯,那小白,你会科学地设置密码吗?

小白 当然,关于密码设定这一块,我之前也写过一些文章。大家确实要好好优化一下自己的密码了,无论是电影里的核弹密码,还是你的某宝密码,首先都要保障安全性啊!

No.3 由莫斯引发的思考

小白 《流浪地球 2》的网络攻击讲完了,我总结一下:感觉电影里面的攻击形式,"大东话安全"电影篇里面也有涵盖和涉及。

大东 没错。通过这几年的热点事件篇和电影篇文章的积累,我们已经构建了一个丰富的影视网络攻击场景库。想来小白你也已经对其如数家珍,随时可调用库中资源咯!

小白 谢谢东哥的夸奖,但是我一直有个疑问:为什么中外的科幻大片里面都喜欢融入网络安全的元素呢?

大东 你说得没错,无论是《V字仇杀队》的电视台入侵,还是《黑客帝国2》的"母体"派出了25000只电子乌贼攻击锡安基地,抑或是《碟中谍》系列的网络攻击,都会给观众带来一种"魔术"的既视感,对剧情线索的辅助和神秘氛围的营造起到一种绝佳的助推作用。

小白 确实,网络安全元素一加进去立马感觉很科幻。

大东 还记得我们以前提到过的"默比乌斯环"(也叫默比乌斯带)概念吧?

小白 当然记得,默比乌斯环是数字安全韧性领导力模型的桥梁和纽带。

大东 没错,但是为什么默比乌斯环是桥梁、纽带呢?原因是,网络安全解决的问题与电影解决的问题,本质上来说是一样的,就是解决意外。

小白 这个观点很新颖啊!

大东 你想想看,没有意外是不是就不存在网络安全问题了?没有意外,电影的情节还能不能依赖矛盾冲突一幕幕发展下去呢?

小白 答案当然是否定的,所谓"无巧不成书"嘛。

大东 正是如此。意料之外才能创造信息冲突，进而对情节发展起到推波助澜的作用。电影作为一种重要的现代艺术形式，其发展史也借鉴、吸纳了很多古典艺术范式的理念。

小白 比如歌剧？

大东 对，比如蒙特威尔第的《奥菲欧》，莫扎特的《唐璜》，普契尼的《图兰朵》，都是由一场意外引发的一个个故事，这是电影的追求，也是网络安全专业领域解决的问题。

小白 是的，没有意外的电影谁会看呢。

大东 每个网络安全事件，本质上就是一场意外，那么将这些网络安全事件抽象成宝贵的电影素材，也就不足为奇了。值得注意的是，把发生过的网络安全事件化作电影素材必须符合逻辑，尽管科幻电影里面有很多硬核黑科技，但也不能恣意发挥，否则可能就不那么叫座了。

小白 是啊，得讲通，否则某瓣的民间影评家们这一关都过不了。

大东 总之，明枪暗箭、魔道相长的网络安全世界，既生动有趣，又包罗万象，我们期待《流浪地球3》能够给我们带来更加精彩的硬核科技盛宴，也希望导演能够融入更多的网络安全科技元素，让电影的视觉轰炸效果和科幻渲染场景更上一层楼。

小白 我挺，我力挺！

No.4 小白内心说

小白 和东哥一起解读电影《流浪地球2》,有回溯,有欢笑,也有感悟。真心期待网络安全的元素能够赋能更多国产科幻大片,也期待"大东话安全"网络安全科普品牌能够为更多电影提供有价值的素材借鉴。

跋

"相逢不觉又初寒。对尊前,惜流年。"

又是冬天。眼下是橙黄橘绿、玉磬穿林的一年好景,也不见柴门犬吠、鸟绝踪灭的肃杀冷寂。并不奢求清风自来,也不怨尤徒言树桃李,更无须骚人费评章,只因墙角数梅已然傲雪绽放,何不觅二三知己,续写冻笔新诗,重温寒炉佳酿?

"诗囊挂在船篷上,吟过江枫落叶中。"每个冬天,似乎都将婉转千言留给了总结,耳畔传来转轴拨弦的清脆,笔下填满畅叙幽情的意念,纸上却偏存流年暗换的留白。

流年足惜,盛筵难再。从辛丑到甲辰,已经又过了两年有余。不敢妄称千呼万唤,但在这期间与读者频仍的交流中,《白话网络安全2:网安战略篇》的架构也如雏凤清音般呼之欲出。"只欠翠纱红映肉,两年寒食负先生。"两年的推敲、琢磨,本书也终于从璞玉原石雕饰为微瑕白璧。

笔者似江渚之上的白发渔樵,遥襟惯看网安江湖的刀光剑影,电闪雷鸣;洗耳恭听网络空间的两岸猿声,清角吹寒;屈指细数数字世界的春花秋月,夏蝉冬雪。"烟花巷陌,依约丹青屏障";斗转参横,浑是魔消道长。

两年,足以发生太多的事件,尤其是网络空间安全这种江湖感拉满的专业学科领域。我们见证了 BlackMoon 僵尸网络在国内感染数百万终端的老调重弹,也喟叹着英伟达和三星遭黑客攻击、苹果网络瘫痪的防不胜防;亲历了工商银行在美全资子公司遭遇勒索病毒攻击的无孔不入,也惊诧于俄乌冲突中网络战手段的高频和残酷。我们当然看清楚了,在敌暗我明的攻防态势之下,道与器的双管齐下,才是料敌于先、决胜千里的真正撒手锏。

我们意识到,网络安全战略将是未来网络世界角逐的焦点,也重新审视了在事件与时间围成的象限中,支配网络安全事件持续演进的根本脉络究竟藏身何处。于是,"一"到"八"数字安全战略体系喷薄而出,构筑了整个《白话网络安全 2:网安战略篇》的核心基座。从"一"到"八"出发,数字世界的拟生、孪生、派生、演生、新生也乘大模型的鲲鹏之翼遨游九霄,观棋不语却指挥若定,演绎不休却万化冥合。AI 与网络安全的交融将从这一刻起成为突破未来数字世界意识攻防的临界点。

而笔者,却还是那个侣鱼虾而友麋鹿的白发渔樵,在风烟俱净、山河共色的网安江湖中摇橹泛舟,任意东西。因为,"自其变者而观之,则天地曾不能以一瞬"。我们一直都在那瞬息万变的网安江湖中,与读者萤雪常伴,流光皎洁。

张旅阳

癸卯冬月于北京

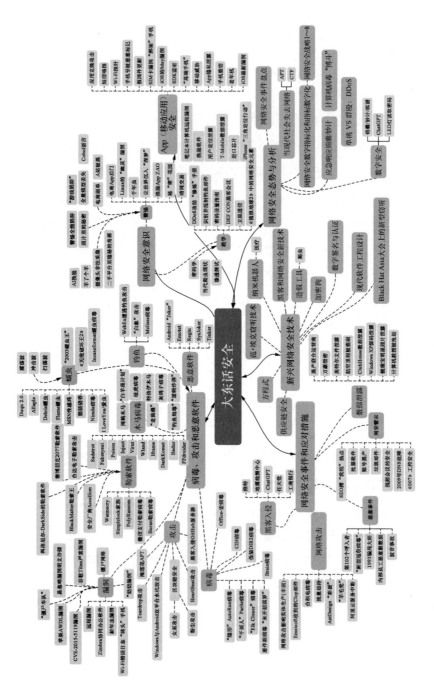